Formelsammlung Wirtschaftsmathematik

Prof. Dr. Edda Eich-Soellner

2. Auflage

Haufe

Inhalt

Vorwort

„Wie geht das noch mal?“ – Vieles, das wir in Schule, Ausbildung und Studium gelernt haben, haben wir schnell vergessen. Dies betrifft insbesondere das oft ungeliebte Fach Mathematik, und zwar sowohl Formeln als auch grundlegende Vorgehensweisen und Techniken.

Dieser TaschenGuide versteht sich als praktische Zusammenstellung und kurze, beispielhafte Erläuterung der wichtigsten mathematischen Formeln und Techniken, die in der wirtschaftlichen Praxis benötigt werden. Er stellt kurz und bündig dar, welche mathematischen Verfahren und Techniken Sie für welches Problem benötigen, worauf Sie achten sollten und welche Fallen lauern. Die Anwendung der Formeln und die Vorgehensweise zur Problemlösung werden an Hand von Beispielen Schritt für Schritt demonstriert – im Unterschied zu herkömmlichen Formelsammlungen, bei denen die Formeln ohne Erläuterung bleiben.

Mit diesem TaschenGuide haben Sie Ihren mathematischen Werkzeugkasten kompakt und griffbereit immer zur Hand!

Prof. Dr. Edda Eich-Soellner

Einführung

Wie benutze ich eine Formelsammlung?

1. Zunächst müssen Sie sich genau über das Problem, das Sie zu lösen haben, klar werden.

2. Dann erst suchen Sie eine passende Formel. Stellen Sie sicher, dass diese Formel wirklich für dieses Problem geeignet ist.

3. Ordnen Sie die Größen in Ihrer Problemstellung den Größen in der Formelsammlung zu.

4. Gegebenenfalls müssen Sie die Formel noch nach der gesuchten Größe auflösen.

5. Nun können Sie die gegebenen Größen einsetzen und die gesuchte Größe berechnen.

6. Am Ende sollten Sie die erhaltenen Ergebnisse auf Plausibilität prüfen.

Mathematische Symbole

$\neq$	ungleich	$\perp$	senkrecht
$\approx$	ungefähr	$\parallel$	parallel
$<$	kleiner	$\sum$	Summe
$\leq$	kleiner gleich	$\prod$	Produkt
$>$	größer	$\Rightarrow$	folgt
$\geq$	größer gleich	$\Leftrightarrow$	äquivalent
$\hat{=}$	entspricht	$\int$	Integral
$\subset$	Teilmenge	f'	Ableitung
$\cup$	Vereinigungsmenge	$\lvert a\rvert$	Betrag
$\cap$	Schnittmenge	∞	unendlich
$\setminus$	Differenzmenge	$\emptyset, \{\}$	leere Menge
$\in$	Element von	L	Lösungsmenge
$\vee$	oder	D	Definitionsmenge
$\wedge$	und	W	Wertemenge
$\forall$	für alle	$\mathbb{N}$	Natürliche Zahlen
$\exists$	es existiert	$\mathbb{Z}$	Ganze Zahlen
$[a; b]$	abgeschlossenes Intervall	$\mathbb{R}$	Reelle Zahlen
$]a; b[$	offenes Intervall	$\mathbb{Q}$	Rationale Zahlen

Algebra

Rechengesetze

- Assoziativgesetze:
  Kommen in einem Term jeweils ausschließlich + oder · vor, so dürfen Sie beliebig Klammern setzen:

$$(a+b)+c=a+(b+c)$$
$$(a\cdot b)\cdot c=a\cdot(b\cdot c)$$

  Kommen in einem Term die Operationen − oder : oder verschiedene Rechenoperationen vor, so müssen Sie die Klammern beibehalten oder vorsichtig auflösen.

- Distributivgesetz:

$$a\cdot(b+c)=a\cdot b+a\cdot c$$
$$(a+b)\cdot(c+d)=a\cdot c+a\cdot d+b\cdot c+b\cdot d$$

Beispiel

$$(x-3)\cdot(4x-2)=4x^2-2x-12x+6=4x^2-14x+6$$

- Bruchrechnung:
  - Das Erweitern von Brüchen:
    Brüche werden erweitert, indem man Zähler und Nenner mit der gleichen Zahl multipliziert.

– Die Addition von Brüchen:
  - Haben die Brüche gleiche Nenner, so behalten Sie den Nenner bei und addieren einfach die Zähler:

$$\frac{a}{b} + \frac{c}{b} = \frac{a+c}{b}$$

  - Haben die Brüche verschiedene Nenner, so müssen sie zunächst gleichnamig gemacht werden. Sie müssen die Brüche also so erweitern, dass sie den gleichen Nenner haben. Als gemeinsamen Nenner können Sie das Produkt der Nenner verwenden:

$$\frac{a}{b} + \frac{c}{d} = \frac{a \cdot d}{b \cdot d} + \frac{c \cdot b}{d \cdot b} = \frac{a \cdot d + b \cdot c}{b \cdot d}$$

Beispiel

$$\begin{aligned}\frac{2x+1}{4x-2} + \frac{x-3}{x+1} &= \frac{(2x+1)\cdot(x+1)}{(4x-2)\cdot(x+1)} + \frac{(x-3)\cdot(4x-2)}{(x+1)\cdot(4x-2)} \\ &= \frac{2x^2+3x+1}{(4x-2)(x+1)} + \frac{4x^2-14x+6}{(4x-2)(x+1)} \\ &= \frac{6x^2-11x+7}{(4x-2)(x+1)}\end{aligned}$$

– Die Multiplikation von Brüchen:
Es werden jeweils die Zähler und die Nenner miteinander multipliziert:

$$\frac{a}{b} \cdot \frac{c}{d} = \frac{a \cdot c}{b \cdot d}$$

Beispiel

$$\frac{2x+1}{4x-2} \cdot \frac{x-3}{x+1} = \frac{(2x+1)\cdot(x-3)}{(4x-2)\cdot(x+1)} = \frac{2x^2-5x-3}{(4x-2)(x+1)}$$

– Die Division von Brüchen:
Man dividiert durch einen Bruch, indem man mit seinem Kehrwert multipliziert:

$$\frac{\frac{a}{b}}{\frac{c}{d}} = \frac{a}{b} : \frac{c}{d} = \frac{a}{b} \cdot \frac{d}{c} = \frac{a \cdot d}{b \cdot c}$$

– Das Kürzen von Brüchen:
Ein Bruch kann nur gekürzt werden, wenn man aus allen Bestandteilen des Zählers und Nenners dieselbe Zahl oder denselben Term ausklammern und dadurch kürzen kann.

Beispiel

$$\frac{5x^3 + 10x^2}{7x^4 - x^2} = \frac{x^2 \cdot (5x + 10)}{x^2 \cdot (7x^2 - 1)} = \frac{5x + 10}{7x^2 - 1}$$

Man darf niemals durch 0 dividieren. Der Nenner eines Bruchs darf deshalb nie 0 werden!

Beispiel

In den Bruch $\frac{2x+1}{4x-2}$ darf man für x nur die Zahlen einsetzen, für die der Nenner nicht 0 wird. Der Nenner wird 0, wenn $4x - 2 = 0$ ist:

$$4x - 2 = 0 \Leftrightarrow x = \frac{1}{2}$$

Man sagt, die Definitionsmenge D (s. auch S. 65) des Bruches ist $D = \mathbb{R} \setminus \left\{\frac{1}{2}\right\}$.

Intervalle

Um zusammenhängende Zahlenmengen einfacher schreiben zu können, verwendet man Intervalle:

- $[a; b] = \{x | a \leq x \leq b\}$ ist ein abgeschlossenes Intervall. Die Randpunkte a, b gehören zum Intervall.
- $]a; b[= (a; b) = \{x | a < x < b\}$ ist ein offenes Intervall. Die Randpunkte a, b gehören nicht zum Intervall.
- $[a; \infty[= \{x | x \geq a\}$ ist ein halb offenes Intervall.

Betrag

Der **Betrag** einer Zahl ist der positive Wert der Zahl:

$$|a| = \begin{cases} a, & \text{falls } a \geq 0 \\ -a, & \text{falls } a < 0 \end{cases}$$

Beispiele

$|2| = 2, \quad |-2| = 2$

Der Betrag gibt den **Abstand** einer Zahl von der Zahl 0 auf der Zahlengeraden an.
$|a - b|$ ist der Abstand der Zahlen a und b voneinander.
Für eine positive Zahl a gilt:

- $|x| = a$ bedeutet $x = a$ oder $x = -a$.
- Wenn $|x| < a$ gilt, so liegt x zwischen den Zahlen $-a$ und a: $x \in]-a; a[$ oder gleichwertig: $-a < x < a$.
- Gilt $|x| \geq a$, so liegt x außerhalb des Intervalls $]-a; a[$, also $x \in \mathbb{R} \setminus]-a; a[$ oder gleichwertig: $x \geq a$ oder $x \leq -a$.

Beispiel
Wie finde ich alle Zahlen x mit $|x-3|<2$? Dies sind die Zahlen, die von der Zahl 3 einen Abstand haben, der kleiner als 2 ist, also alle Zahlen zwischen 1 und 5, genauer das Intervall $]1;5[$.

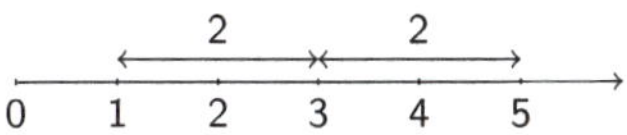

Binome

Binomische Formeln:

$$(a+b)^2 = a^2 + 2ab + b^2$$
$$(a-b)^2 = a^2 - 2ab + b^2$$
$$(a+b)\cdot(a-b) = a^2 - b^2$$

Beispiel

$$(4c-3d)^2 = (4c)^2 - 2\cdot(4c)\cdot(3d) + (3d)^2 = 16c^2 - 24cd + 9d^2$$

Wie Sie höhere Potenzen von Binomen berechnen können, sagt der Binomische Lehrsatz:

$$\begin{aligned}(a+b)^n &= a^n + \binom{n}{1} a^{n-1} b + \binom{n}{2} a^{n-2} b^2 + \ldots \\ &\quad + \binom{n}{n-1} a^1 b^{n-1} + b^n \\ &= \sum_{k=0}^{n} \binom{n}{k} \cdot a^{n-k} \cdot b^k\end{aligned}$$

Die Binomialkoeffizienten $\binom{n}{k}$ werden auf S. 12 erläutert.

Steht ein negatives Vorzeichen vor b, so setzt man in die Formel überall dort, wo b auftritt, $-b$ ein. Für a gehen Sie analog vor.

Beispiel

$$\begin{aligned}(a-b)^4 &= a^4 + 4 \cdot a^3(-b)^1 + 6 \cdot a^2(-b)^2 + 4 \cdot a^1(-b)^3 + (-b)^4 \\ &= a^4 - 4a^3b + 6a^2b^2 - 4ab^3 + b^4\end{aligned}$$

Die **Binomialkoeffizienten** $\binom{n}{k}$ sind durch

$$\binom{n}{k} = \frac{n!}{k! \cdot (n-k)!} = \frac{n \cdot (n-1) \cdots (n-k+1)}{1 \cdot 2 \cdot 3 \cdots k}$$

$$\binom{n}{0} = \binom{n}{n} = 1$$

definiert. Die Fakultät $n!$ berechnet man durch

$$n! = n \cdot (n-1) \cdot (n-2) \cdots 2 \cdot 1 = n \cdot (n-1)!$$

Zusätzlich gilt $0! = 1$.
Für kleine n erhalten Sie die Binomialkoeffizienten einfacher durch das **Pascal'sche Dreieck**, das die Koeffizienten von $(a+b)^k$ in Zeile $k+1$ enthält:

$$\begin{array}{ccccccccccc} & & & & & 1 & & & & & \\ & & & & 1 & & 1 & & & & \\ & & & 1 & & 2 & & 1 & & & \\ & & 1 & & 3 & & 3 & & 1 & & \\ & 1 & & 4 & & 6 & & 4 & & 1 & \\ 1 & & 5 & & 10 & & 10 & & 5 & & 1 \\ \unicode{x22F0} & & & & & & & & & & \ddots \end{array}$$

Die Zahlen in der jeweils unteren Zeile lassen sich als Summe der beiden schräg darüber stehenden Elemente berechnen:

$$\binom{n+1}{k} = \binom{n}{k-1} + \binom{n}{k}$$

Potenzen und Wurzeln

Potenzgesetze

$$a^x \cdot a^y = a^{x+y} \quad \text{gleiche Basis}$$

$$(a^x)^y = a^{x \cdot y} \quad \text{Potenz einer Potenz}$$

$$a^x \cdot b^x = (a \cdot b)^x \quad \text{gleicher Exponent}$$

$$\frac{a^x}{b^x} = \left(\frac{a}{b}\right)^x \quad \text{falls } b \neq 0$$

$$a^{-x} = \frac{1}{a^x} = \left(\frac{1}{a}\right)^x \quad \text{falls } a \neq 0$$

$$a^1 = a$$

$$a^0 = 1$$

Wurzeln

Unter der n-ten Wurzel aus a, $\sqrt[n]{a}$, versteht man die positive Lösung von $x^n = a$ für $a \geq 0$:

$$x = \sqrt[n]{a} = a^{\frac{1}{n}} \Rightarrow x^n = a$$

Beispiel

$$\sqrt[3]{1000} = 10 \qquad \sqrt[4]{81} = 3$$

Aus negativen Zahlen kann man in $\mathbb{R}$ keine Wurzeln ziehen!

Beispiel

$\sqrt{x^2+2x}$ ist nur für $x^2+2x = x\cdot(x+2) \geq 0$, d. h. für $x \geq 0$ oder $x \leq -2$ definiert.

Eine Wurzel kann nicht negativ sein: $\sqrt[n]{a^n} = |a|$ (und nicht einfach a).

Rechenregeln für Wurzeln, falls a, $b \geq 0$ gilt:

$$a^{\frac{1}{n}} = \sqrt[n]{a}$$

$$\left(\sqrt[n]{a}\right)^n = a$$

$$\sqrt[n]{a\cdot b} = \sqrt[n]{a}\cdot\sqrt[n]{b}$$

$$\sqrt[n]{a^m} = \left(\sqrt[n]{a}\right)^m = a^{\frac{m}{n}}$$

$$\sqrt[n]{\sqrt[m]{a}} = \sqrt[n\cdot m]{a}$$

Beispiele

$$\sqrt{8}\sqrt{2} = \sqrt{16} = 4$$

$$\sqrt{50} = \sqrt{2\cdot 25} = 5\sqrt{2}$$

$$\sqrt{4ab^2} = 2|b|\sqrt{a}$$

Wollen Sie Wurzeln, die keine Quadratwurzeln sind, auf dem Taschenrechner berechnen, so fehlt meist die entsprechende Taste. Hier benutzen Sie die obige Formel $\sqrt[n]{a} = a^{\frac{1}{n}}$.

Beispiel

$\sqrt[5]{2}$ berechnen Sie auf dem Taschenrechner als $2^{\frac{1}{5}} = 2^{0,2} = 1{,}1487$.

Logarithmus

$\log_a(x)$ beantwortet die Frage: „Mit welcher Zahl muss ich a potenzieren, damit x herauskommt?"

$$a^y = x \quad \Leftrightarrow \quad y = \log_a(x)$$

Beispiele

$$\log_{10} 1000 = 3, \qquad \log_{10} 10^{-3} = -3$$
$$\log_3 81 = 4, \qquad \log_2 8 = 3$$

Abkürzend schreibt man auch:

$\lg(x) = \log_{10}(x)$	Zehnerlogarithmus
$\ln(x) = \log_e(x)$	natürlicher Logarithmus
$\mathrm{ld}(x) = \log_2(x)$	Zweierlogarithmus

Das Argument des Logarithmus muss immer positiv sein!

Mit $a, b, x, y > 0$ gelten die **Logarithmengesetze**:

$$\log_a a = 1 \qquad \text{insbesondere } \ln e = 1$$
$$\log_a 1 = 0$$
$$\log_a(x \cdot y) = \log_a x + \log_a y$$
$$\log_a \left(\frac{x}{y}\right) = \log_a x - \log_a y$$
$$\log_a \left(\frac{1}{x}\right) = -\log_a x$$
$$\log_a(b^x) = x \cdot \log_a b$$

$$\log_a(a^x) = x$$

$$a^{\log_a x} = x$$

$$\log_a x = \frac{\ln x}{\ln a} = \frac{\log_b x}{\log_b a}$$

Logarithmen, die nicht die Basis e oder 10 haben, können Sie meist auf dem Taschenrechner nicht direkt berechnen, weil eine entsprechende Taste fehlt.
Benutzen Sie dazu die Formel $\log_a x = \frac{\ln x}{\ln a}$.

Beispiel
Wollen Sie z. B. den Zweierlogarithmus von 512 mit dem Taschenrechner berechnen, so hilft die obige Formel mit $a = 2$ weiter:

$$\mathrm{ld}(512) = \log_2(512) = \frac{\ln(512)}{\ln(2)} = 9$$

Dreisatz

Im betrieblichen Alltag hat man es häufig, z. B. bei Preisvergleichen oder Währungsumrechnungen, mit Dreisatzrechnungen zu tun. Hier sind normalerweise drei Größen gegeben und eine vierte ist gesucht.

Direkte Proportionalität: Gerades Verhältnis

Wir beginnen mit Dreisätzen mit geradem Verhältnis: Hier sind die Größen zueinander proportional. Erhöht man die eine, so erhöht sich auch die andere.

Schreiben Sie zunächst die sich entsprechenden Beziehungen in eine Zeile. Nehmen wir an, x_0 Stück kosten y_0 € und Sie möchten wissen, wie viel dann x Stück kosten:

$$\begin{array}{rcl} x_0 \text{ Stück} & \hat{=} & y_0 \text{ €} \\ x \text{ Stück} & \hat{=} & ? \text{ €} \end{array}$$

Um den Preis für ein Stück zu erhalten, teilen Sie auf beiden Seiten durch x_0:

$$\begin{array}{lrcll} : x_0 & x_0 \text{ Stück} & \hat{=} & y_0 \text{ €} & : x_0 \\ & 1 \text{ Stück} & \hat{=} & \frac{y_0}{x_0} \text{ €} & \end{array}$$

Nun können Sie im dritten Schritt den Preis für x Stück ausrechnen, indem Sie auf beiden Seiten mit x multiplizieren:

$$\begin{array}{lrcll} : x_0 & x_0 \text{ Stück} & \hat{=} & y_0 \text{ €} & : x_0 \\ \cdot x & 1 \text{ Stück} & \hat{=} & \frac{y_0}{x_0} \text{ €} & \cdot x \\ & x \text{ Stück} & \hat{=} & \frac{y_0}{x_0} \cdot x \text{ €} & \end{array}$$

Beispiel

Eine Firma bietet 350 Stück eines Produktes für 455 € an. Wie viel kosten 500 Stück?

$$\begin{array}{lrcll} : 350 & 350 \text{ Stück} & \hat{=} & 455 \text{ €} & : 350 \\ \cdot 500 & 1 \text{ Stück} & \hat{=} & 1{,}30 \text{ €} & \cdot 500 \\ & 500 \text{ Stück} & \hat{=} & 650 \text{ €} & \end{array}$$

500 Stück kosten 650 €.

Beispiel
Wie viel \$ entsprechen 300 €, wenn der Dollarpreis 0,73 € beträgt?

$$
\begin{array}{rrcl}
: 0{,}73 \; & 1\$ & \hat{=} & 0{,}73\,€ \quad : 0{,}73 \\
\cdot\, 300 \; & \frac{1}{0{,}73} = 1{,}37\$ & \hat{=} & 1\,€ \quad \cdot\, 300 \\
 & 300 \cdot 1{,}37\$ = 410{,}96\$ & \hat{=} & 300\,€
\end{array}
$$

300 € entsprechen 410,96\$.

Manchmal muss man mehrere Dreisätze kombinieren, um zur Lösung zu kommen: In diesem Fall sind meist drei oder mehrere Größentypen gegeben. In jedem Dreisatz wird dabei eine Größe konstant gehalten.

Beispiel
In einem Industrieunternehmen produzieren 10 Maschinen 800 Teile in 5 Tagen. Wie lange brauchen 8 Maschinen für 2000 Teile?

Maschinen	Stückzahl	Tage
10	800	5
8	2000	?

Im ersten Dreisatz lassen wir die Zahl der Tage konstant gleich 5 und verändern die Maschinenanzahl.

$$
\begin{array}{rrcl}
: 10 \; & 10 \text{ Maschinen} & \hat{=} & 800 \text{ Teile} \quad : 10 \\
\cdot\, 8 \; & 1 \text{ Maschine} & \hat{=} & 80 \text{ Teile} \quad \cdot\, 8 \\
 & 8 \text{ Maschinen} & \hat{=} & 640 \text{ Teile}
\end{array}
$$

Im zweiten Dreisatz lassen wir die Anzahl der Maschinen auf ihrem Endwert 8:

$$
\begin{array}{rrcl}
: 640 \; & 640 \text{ Teile} & \hat{=} & 5 \text{ Tage} \quad : 640 \\
\cdot\, 2000 \; & 1 \text{ Teil} & \hat{=} & \frac{5}{640} \text{ Tage} \quad \cdot\, 2000 \\
 & 2000 \text{ Teile} & \hat{=} & \frac{5}{640} \cdot 2000 = 15{,}625 \text{ Tage}
\end{array}
$$

Die 8 Maschinen brauchen für 2000 Teile also 15,625 Tage.

Umgekehrte Proportionalität: Ungerades Verhältnis

Sind zwei Größen umgekehrt proportional zueinander, so wächst die eine, wenn die andere fällt. Das Produkt bleibt aber konstant. Die Vorgehensweise ist analog zu dem oben Gezeigten, nur dass Sie jetzt multiplizieren müssen, wenn Sie auf der anderen Seite dividieren.

Beispiel

In einer Fabrik produzieren die Arbeiter in 4 Wochen bei einer wöchentlichen Arbeitszeit von 40 h 1000 Stück. Wegen der schlechten Auftragslage beschließt die Firmenleitung Kurzarbeit in Form von 32-Stunden-Wochen. Wie lange brauchen die Arbeiter jetzt, um 1000 Stück zu produzieren?

Wöchentliche Arbeitszeit und Produktionsdauer für eine bestimmte Menge sind umgekehrt proportional zueinander.

$$\begin{array}{rcccl} & 40\text{ h} & \hat{=} & 4\text{ Wochen} & \\ :40 \downarrow & 1\text{h} & \hat{=} & 160\text{ Wochen} & \downarrow \cdot 40 \\ \cdot 32 \downarrow & 32\text{ h} & \hat{=} & 5\text{ Wochen} & \downarrow :32 \end{array}$$

Lösung von Gleichungen und Ungleichungen

Zum Lösen einer Gleichung oder Ungleichung formen Sie diese so lange in äquivalente Gleichungen bzw. Ungleichungen um, bis Sie die Lösungsmenge L leicht bestimmen können. Die **Lösungsmenge** L einer Gleichung oder Ungleichung besteht aus den Zahlen, die, wenn man sie in die Gleichung oder Ungleichung einsetzt, eine wahre Aussage ergeben.

Als **Äquivalenzumformungen bei Gleichungen** sind u. a. erlaubt:

- Addition oder Subtraktion des gleichen Terms auf beiden Seiten;
- Multiplikation bzw. Division mit bzw. durch einen Term, der nicht 0 ist;
- Anwendung einer umkehrbaren Funktion auf beide Seiten.

Beispiel

$$\begin{aligned}
\ln(3x+4) &= 6 && |\text{Anwenden der umkehrbaren } e\text{-Funktion}\\
\Leftrightarrow e^{\ln(3x+4)} &= e^6 &&\\
\Leftrightarrow 3x+4 &= e^6 && |\text{Subtraktion}\\
\Leftrightarrow 3x &= e^6 - 4 && |\text{Division}\\
\Leftrightarrow x &= \frac{e^6-4}{3} &&
\end{aligned}$$

Als **Äquivalenzumformungen bei Ungleichungen** sind u. a. erlaubt:

- Addition oder Subtraktion des gleichen Terms auf beiden Seiten;
- Multiplikation bzw. Division mit bzw. durch einen Term, der größer als 0 ist;
- Anwendung einer streng monoton steigenden Funktion.

Bei der Multiplikation oder Division einer Ungleichung durch eine negative Zahl muss das Relationszeichen umgedreht werden, d. h. aus „$<$“ wird „$>$“, aus „$\leq$“ wird „$\geq$“ und umgekehrt.

Haben Sie eine Gleichung oder Ungleichung so umgeformt, dass Sie die Lösungsmenge bestimmen können, so müssen Sie prüfen, ob die potenziellen Lösungen auch zur Definitionsmenge (s. S. 65) gehören!

Lineare Gleichungen

$$ax + b = 0 \quad \Leftrightarrow \quad x = -\frac{b}{a}, \text{ also } L = \left\{-\frac{b}{a}\right\}, \text{ falls } a \neq 0$$

Bruchgleichungen

So gehen Sie vor:

1. Definitionsbereich D bestimmen: Durch 0 darf nicht geteilt werden.

2. Hauptnenner bilden: Der Hauptnenner ist meist das Produkt aller Nenner.

3. Die ganze Gleichung mit dem Hauptnenner multiplizieren. Dies entspricht bei je einem Bruchterm auf jeder Seite der Gleichung dem Überkreuzmultiplizieren.

Beispiel

$$\frac{5}{10-x} = \frac{3}{x-2} \quad \Rightarrow \quad D = \mathbb{R}\setminus\{10; 2\}$$

$$\Leftrightarrow \quad 5(x-2) = 3(10-x) \quad \Leftrightarrow \quad 5x - 10 = 30 - 3x$$

$$\Leftrightarrow \quad 8x = 40 \Leftrightarrow x = \underbrace{5}_{\in D} \quad \Rightarrow \quad L = \{5\}$$

Lineare Ungleichungen

Lineare Ungleichungen lösen Sie im Prinzip wie lineare Gleichungen. Vorsicht nur bei der Multiplikation oder Division mit einer negativen Zahl: In diesem Fall müssen Sie das Relationszeichen umdrehen.

Beispiel

$$3x - 2 < 5x + 4 \quad \Leftrightarrow \quad -2x < 6 \quad \Leftrightarrow \quad x > -3$$

Bruchungleichungen

Bruchungleichungen behandeln Sie im Prinzip wie Bruchgleichungen. Bei der Multiplikation mit dem Hauptnenner müssen Sie jedoch unterscheiden, ob der Hauptnenner positiv oder negativ ist: Bei negativem Hauptnenner muss das Relationszeichen umgedreht werden.

Beispiel

$$\frac{5}{10 - x} < \frac{3}{x - 2} \qquad \Rightarrow \quad D = \mathbb{R} \setminus \{10; 2\}$$

$$\Leftrightarrow \frac{5(x-2)}{(10-x)(x-2)} < \frac{3(10-x)}{(x-2)(10-x)}$$

Der Hauptnenner ist $(10 - x)(x - 2)$.
Fallunterscheidung:
Fall 1: $\mathbf{(10 - x)(x - 2) > 0}$:

$$\Leftrightarrow \underbrace{(x < 10 \wedge x > 2)}_{\text{Beide Faktoren}>0} \vee \underbrace{(x > 10 \wedge x < 2)}_{\text{Beide Faktoren}<0}$$

$$\Leftrightarrow x \in \,]2; 10[$$

Multiplikation mit dem Hauptnenner ergibt:

$$5(x - 2) < 3(10 - x) \quad \Leftrightarrow \quad 8x < 40$$

$$\Leftrightarrow \quad x < 5$$

Einbeziehen der Fallunterscheidung:

$$L_1 =]2;10[\;\cap\;]-\infty;5[\;=\;]2;5[$$

Fall 2: $\mathbf{(10 - x)(x - 2) < 0}$:

$$\Leftrightarrow \underbrace{(x > 10 \wedge x > 2)}_{\text{Erster Faktor}<0} \vee \underbrace{(x < 10 \wedge x < 2)}_{\text{Zweiter Faktor}<0}$$

$$\Leftrightarrow x > 10 \vee x < 2$$

Multiplikation mit dem Hauptnenner ergibt:

$$5(x - 2) > 3(10 - x) \quad \Leftrightarrow \quad 8x > 40$$
$$\Leftrightarrow \quad x > 5$$

Einbeziehen der Fallunterscheidung: $L_2 =]10;\infty[$
Lösungsmenge der ursprünglichen Ungleichung:

$$L = L_1 \cup L_2 =]2;5[\;\cup\;]10;\infty[$$

Quadratische Gleichungen

$$x^2 + p \cdot x + q = 0$$
$$\Leftrightarrow \quad x = -\frac{p}{2} \pm \sqrt{\left(\frac{p}{2}\right)^2 - q}$$

Steht vor dem x^2 ein Vorfaktor $a \neq 0$, so können Sie die Gleichung entweder durch a teilen oder Sie wenden die Formel in ihrer nicht normierten Form an:

$$a \cdot x^2 + b \cdot x + c = 0$$
$$\Leftrightarrow \quad x = \frac{-b \pm \sqrt{b^2 - 4ac}}{2a}$$

Der Term unter der Wurzel heißt **Diskriminante** und wird mit D abgekürzt: $D = \left(\frac{p}{2}\right)^2 - q$ bzw. $D = b^2 - 4ac$.
Ist $D > 0$, so hat die Gleichung zwei Lösungen.
Gilt $D = 0$, so hat sie eine Lösung.
Ist die Diskriminante $D < 0$, so gibt es keine reelle Lösung.

Beispiele

$$x^2 - 4x + 3 = 0$$
$$\Leftrightarrow x = 2 \pm \sqrt{2^2 - 3} \quad \Leftrightarrow \quad x = 1 \vee x = 3$$
$$L = \{1; 3\} \quad \text{zwei Lösungen}$$

$$2x^2 - 8x + 8 = 0$$
$$\Leftrightarrow x = \frac{8 \pm \sqrt{8^2 - 4 \cdot 2 \cdot 8}}{4} = 2$$
$$L = \{2\} \quad \text{eine Lösung}$$

$$x^2 - 6x + 10 = 0$$
$$\Leftrightarrow x = 3 \pm \sqrt{\underbrace{3^2 - 10}_{=-1<0}}$$
$$L = \emptyset = \{\} \quad \text{keine Lösung}$$

Wurzelgleichungen

Bei Wurzelgleichungen gilt das Prinzip „Erst separieren, dann quadrieren“: Isolieren Sie erst die Wurzel auf der einen Seite der Gleichung und quadrieren Sie die Gleichung anschließend.

Beispiel

$$\sqrt{4x+1}+x-11=0 \qquad | \text{ Separieren}$$
$$\Leftrightarrow \sqrt{4x+1}=11-x \qquad | \text{ Quadrieren}$$
$$\Rightarrow \left(\sqrt{4x+1}\right)^2=(11-x)^2$$
$$\Leftrightarrow 4x+1=121-22x+x^2$$
$$\Leftrightarrow x^2-26x+120=0$$
$$\Leftrightarrow x=13\pm\sqrt{13^2-120}=13\pm 7$$
$$\Leftrightarrow x=20 \vee x=6$$

Probe:

$$x=20: \quad \sqrt{4\cdot 20+1}+20-11=18\neq 0 \quad \text{falsche Aussage}$$
$$x=6: \quad \sqrt{4\cdot 6+1}+6-11=0 \quad \text{wahre Aussage}$$
$$L=\{6\}$$

Bei Wurzelgleichungen müssen Sie immer die Probe machen, da Sie sich durch das Quadrieren häufig zusätzliche Lösungen einschleppen. Quadrieren ist keine Äquivalenzumformung!

Exponential- und Logarithmusgleichungen

Um Exponentialgleichungen wie z. B. die Zinseszinsgleichungen nach der Anzahl der Zinsperioden n aufzulösen, müssen Sie logarithmieren.

Beispiel
Die Zinseszinsgleichung $K_n = K_0\left(1+\frac{p}{100}\right)^n$ (s. S. 39) soll nach n aufgelöst werden:

$$
\begin{aligned}
K_n &= K_0\left(1+\frac{p}{100}\right)^n \\
\Leftrightarrow \left(1+\frac{p}{100}\right)^n &= \frac{K_n}{K_0} && \Big|\text{Logarithmieren} \\
\Leftrightarrow \log\left(\left(1+\frac{p}{100}\right)^n\right) &= \log\left(\frac{K_n}{K_0}\right) && \Big|\text{Logarithmengesetze} \\
\Leftrightarrow n\log\left(1+\frac{p}{100}\right) &= \log K_n - \log K_0 \\
\Leftrightarrow n &= \frac{\log K_n - \log K_0}{\log\left(1+\frac{p}{100}\right)}
\end{aligned}
$$

Umgekehrt werden logarithmische Gleichungen gelöst, indem man die Basis des Logarithmus mit den beiden Seiten der Gleichung potenziert.

Beispiel

$$
\begin{aligned}
& \ln(3x+4) = 2 && \Longrightarrow D = \left]-\frac{4}{3};\infty\right[\\
\Leftrightarrow\quad & e^{\ln(3x+4)} = e^2 \\
\Leftrightarrow\quad & 3x+4 = e^2 \\
\Leftrightarrow\quad & x = \frac{e^2-4}{3} \approx 1{,}13 && \Longrightarrow L = \{1{,}13\}
\end{aligned}
$$

Numerische Lösung von Gleichungen

Gleichungen können manchmal nicht nach der gewünschten Variablen aufgelöst werden. Für konkrete Werte kann jedoch häufig eine numerische Näherungslösung gefunden werden. Dazu bringen Sie die Gleichung zunächst in die Form $f(x) = 0$.

Bisektionsverfahren

Ausgehend von einem Intervall $[x_0; x_1]$, für das f an beiden Enden unterschiedliches Vorzeichen hat, halbiert man das Intervall immer wieder und macht mit dem Teilintervall weiter, in dem der Vorzeichenwechsel liegt. Dieses Verfahren funktioniert für stetige Funktionen f (s. S. 79) immer.

Beispiel

$f(x) = e^x - 2x - 3$, wir wählen $x_0 = 1$, $x_1 = 3$, dann gilt $f(1) < 0$ und $f(3) > 0$, wir dürfen das Verfahren also anwenden. $x_2 = 2$ ist die Intervallmitte des alten Intervalls, wegen $f(2) > 0$ fahren wir mit dem Intervall $[1; 2]$ fort. Dessen Mitte ist $\frac{3}{2}$, $f\left(\frac{3}{2}\right) < 0$, sodass wir nun mit $[\frac{3}{2}; 2]$ weitermachen,...

Newton-Verfahren

Ausgehend von einem Startwert x_0, der möglichst nahe bei der Lösung liegen sollte, bestimmen Sie iterativ durch die Formel

$$x_{i+1} = x_i - \frac{f(x_i)}{f'(x_i)}$$

neue Näherungswerte, die im Falle der Konvergenz gegen eine Nullstelle von $f(x)$ konvergieren. Für die Berechnung der auftretenden Ableitung $f'(x)$ s. S. 80 ff.

Wenn es konvergiert, konvergiert das Newton-Verfahren schneller als das obige Bisektionsverfahren, aber es kann auch vorkommen, dass es nicht konvergiert.

Beispiel
$f(x) = e^x - 2x - 3$, $f'(x) = e^x - 2$, also lautet die Iterationsvorschrift

$$x_{i+1} = x_i - \frac{e^{x_i} - 2x_i - 3}{e^{x_i} - 2}.$$

Mit $x_0 = 2$ ergibt sich

$$x_1 = 2 - \frac{e^2 - 2 \cdot 2 - 3}{e^2 - 2} = 1{,}927806,$$
$$x_2 = 1{,}923949, \quad x_3 = 1{,}923939$$

Lineare Gleichungssysteme

Lineare Gleichungssysteme mit zwei Variablen

Folgende Lösungsmethoden stehen Ihnen zur Verfügung:

- **Einsetzungsverfahren**: Lösen Sie eine der beiden Gleichungen nach einer Variablen auf und setzen Sie diese in die andere Gleichung ein.

  Beispiel

$$\left[\begin{array}{ll} \text{(I)} & 2x + 3y = 8 \\ \text{(II)} & 3x - y = 1 \end{array}\right.$$

$$\Leftrightarrow \left[\begin{array}{rl} \text{(I')} & x = \dfrac{8 - 3y}{2} \\ \text{(I') in (II)} & 3 \cdot \dfrac{8 - 3y}{2} - y = 1 \\ \Leftrightarrow & -\dfrac{11}{2}y = -11 \Rightarrow y = 2 \end{array}\right.$$

$$\text{in (I')} \quad \Rightarrow x = \frac{8 - 3 \cdot 2}{2} = 1$$

- **Gleichsetzungsmethode**: Lösen Sie beide Gleichungen nach derselben Variablen auf und setzen Sie die entstehenden Terme gleich.

  Beispiel

$$\left[\begin{array}{lrl} (\mathrm{I}) & 2x+3y=8 & \Leftrightarrow x=\dfrac{8-3y}{2} \\ (\mathrm{II}) & 3x-y=1 & \Leftrightarrow x=\dfrac{1+y}{3} \end{array}\right.$$

$$\Leftrightarrow \qquad \frac{8-3y}{2}=\frac{1+y}{3}$$

$$\Leftrightarrow \quad 24-9y=2+2y \quad \Leftrightarrow \quad 11y=22 \quad \Leftrightarrow \quad y=2$$

Einsetzen in (I) ergibt:

$$x=\frac{8-3\cdot 2}{2}=1$$

- **Additions- bzw. Subtraktionsmethode**: Multiplizieren Sie jede Gleichung so mit einem Faktor, dass eine der Variablen bei der Addition bzw. Subtraktion der Gleichungen wegfällt.

  Beispiel

$$\left[\begin{array}{lrl} (\mathrm{I}) & 2x+3y=8 & \mid\cdot 3 \\ (\mathrm{II}) & 3x-y=1 & \mid\cdot 2 \end{array}\right.$$

$$\Leftrightarrow \left[\begin{array}{ll} 3\cdot(\mathrm{I}) & 6x+9y=24 \\ 2\cdot(\mathrm{II}) & 6x-2y=2 \end{array}\right.$$

Subtraktion 3·(I)-2·(II):

$$9y-(-2y)=24-2 \quad \Leftrightarrow \quad 11y=22 \quad \Leftrightarrow \quad y=2$$

Einsetzen von $y=2$ in (I) ergibt:

$$2x+3\cdot 2=8 \quad \Leftrightarrow \quad 2x=2 \quad \Leftrightarrow \quad x=1$$

Die Lösung des Gleichungssystems

$$ax + by = e$$
$$cx + dy = f$$

kann für $ad - bc \neq 0$ auch direkt mit der **Cramer'schen Regel** angegeben werden:

$$x = \frac{ed - bf}{ad - bc} = \frac{\begin{vmatrix} e & b \\ f & d \end{vmatrix}}{\begin{vmatrix} a & b \\ c & d \end{vmatrix}}, \qquad y = \frac{af - ec}{ad - bc} = \frac{\begin{vmatrix} a & e \\ c & f \end{vmatrix}}{\begin{vmatrix} a & b \\ c & d \end{vmatrix}}$$

Lineare Gleichungssysteme mit mehr als zwei Variablen

Ein lineares Gleichungssystem mit 3 und mehr Variablen wird durch das **Gauß'sche Eliminationsverfahren** gelöst, das bei zwei Variablen der Additions- bzw. Subtraktionsmethode entspricht. Wir erläutern es für 3 Variablen:

$$a_{11}x_1 + a_{12}x_2 + a_{13}x_3 = b_1$$
$$a_{21}x_1 + a_{22}x_2 + a_{23}x_3 = b_2$$
$$a_{31}x_1 + a_{32}x_2 + a_{33}x_3 = b_3$$

Zur Vereinfachung schreibt man das System in der kürzeren **Matrixform**:

$$\begin{array}{ccc|c} a_{11} & a_{12} & a_{13} & b_1 \\ a_{21} & a_{22} & a_{23} & b_2 \\ a_{31} & a_{32} & a_{33} & b_3 \end{array}$$

Zunächst wird x_1 aus der 2. und 3. Gleichung eliminiert. Dazu werden die Elemente der 1. Zeile mit $\frac{a_{21}}{a_{11}}$ multipliziert und von den Elementen der 2. Zeile subtrahiert. Diese neue 2. Zeile beginnt mit einer 0. Analog wird für die 3. Zeile die 1. Zeile mit $\frac{a_{31}}{a_{11}}$ multipliziert und von den Elementen der 3. Zeile subtrahiert:

$$\begin{array}{ccc|c} a_{11} & a_{12} & a_{13} & b_1 \\ a_{21} & a_{22} & a_{23} & b_2 \\ a_{31} & a_{32} & a_{33} & b_3 \end{array} \quad \Big| \cdot \frac{a_{21}}{a_{11}} \text{ bzw. } \cdot \frac{a_{31}}{a_{11}} \quad \rightarrow \quad \begin{array}{ccc|c} a_{11} & a_{12} & a_{13} & b_1 \\ 0 & a'_{22} & a'_{23} & b'_2 \\ 0 & a'_{32} & a'_{33} & b'_3 \end{array}$$

Zur Elimination von x_2 aus der letzten Zeile gehen Sie analog vor und multiplizieren die neue 2. Zeile mit $\frac{a'_{32}}{a'_{22}}$ und subtrahieren sie von der 3. Zeile:

$$\begin{array}{ccc|c} a_{11} & a_{12} & a_{13} & b_1 \\ 0 & a'_{22} & a'_{23} & b'_2 \\ 0 & a'_{32} & a'_{33} & b'_3 \end{array} \quad \Big| \cdot \frac{a'_{32}}{a'_{22}} \quad \rightarrow \quad \begin{array}{ccc|c} a_{11} & a_{12} & a_{13} & b_1 \\ 0 & a'_{22} & a'_{23} & b'_2 \\ 0 & 0 & a''_{33} & b''_3 \end{array}$$

Nun hat das System **Dreiecksform** und Sie können es von unten nach oben auflösen:

$$x_3 = \frac{b''_3}{a''_{33}}$$

$$x_2 = \frac{b'_2 - a'_{23}x_3}{a'_{22}}$$

$$x_1 = \frac{b_1 - a_{12}x_2 - a_{13}x_3}{a_{11}}$$

Ganz analog lösen Sie Systeme mit mehr als 3 Variablen.

Beispiel

$$\begin{array}{lrrrcl} \text{(I)} & -x & +y & +z & = & 0 \\ \text{(II)} & x & -3y & -2z & = & 5 \\ \text{(III)} & 5x & +y & +4z & = & 3 \end{array}$$

	x	y	z	b
(I)	−1	1	1	0
(II)	1	−3	−2	5
(III)	5	1	4	3

Um die Unbekannte x zu eliminieren, addieren Sie zur 1. Zeile die 2. Zeile und zur 3. Zeile das 5-fache der 1. Zeile:

(I)	−1	1	1	0
(II*)		−2	−1	5
(III*)		6	9	3

Nun addieren Sie zur 3. Zeile das 3-fache der 2. Zeile und erhalten:

(I)	−1	1	1	0
(II*)		−2	−1	5
(III**)			6	18

Fügen Sie nun wieder die Variablen hinzu, so erhalten Sie

$$\begin{array}{lrrrcl} \text{(I)} & -x & +y & +z & = & 0 \\ \text{(II*)} & & -2y & -z & = & 5 \\ \text{(III**)} & & & 6z & = & 18 \end{array}$$

Aus Gleichung (III**) ergibt sich $z = 3$, das Sie nun in Gleichung (II*) einsetzen können:

$$-2y - 3 = 5 \quad \Leftrightarrow \quad 2y = -8 \quad \Leftrightarrow \quad y = -4$$

Setzen Sie beide Variablen in Gleichung (I) ein, so erhalten Sie

$$-x - 4 + 3 = 0 \quad \Leftrightarrow \quad x = -1$$

Etwas aufwändiger ist die Berechnung der Lösung mit Hilfe von Determinanten und der **Cramer'schen Regel**. Allgemein gilt

$$x_i = \frac{D_i}{D},$$

wobei $D = \det(A)$ und D_i die Determinante der Matrix ist, die man erhält, wenn man in A die i-te Spalte durch die rechte Seite b ersetzt.

Für ein 3×3-System ergibt sich damit:

$$x_1 = \frac{D_1}{D}, \qquad x_2 = \frac{D_2}{D}, \qquad x_3 = \frac{D_3}{D} \quad \text{mit}$$

$$D = \begin{vmatrix} a_{11} & a_{12} & a_{13} \\ a_{21} & a_{22} & a_{23} \\ a_{31} & a_{32} & a_{33} \end{vmatrix}, \qquad D_1 = \begin{vmatrix} b_1 & a_{12} & a_{13} \\ b_2 & a_{22} & a_{23} \\ b_3 & a_{32} & a_{33} \end{vmatrix},$$

$$D_2 = \begin{vmatrix} a_{11} & b_1 & a_{13} \\ a_{21} & b_2 & a_{23} \\ a_{31} & b_3 & a_{33} \end{vmatrix}, \qquad D_3 = \begin{vmatrix} a_{11} & a_{12} & b_1 \\ a_{21} & a_{22} & b_2 \\ a_{31} & a_{32} & b_3 \end{vmatrix}.$$

Matrizen und Determinanten

Matrizen und lineare Gleichungssysteme

Eine $m \times n$–Matrix A ist ein rechteckiges Zahlenschema mit m Zeilen und n Spalten:

$$A = \begin{pmatrix} a_{11} & a_{12} & a_{13} & \dots & a_{1n} \\ a_{21} & a_{22} & a_{23} & \dots & a_{2n} \\ a_{31} & \dots & \dots & \dots & \dots \\ \dots & \dots & \dots & \dots & \dots \\ a_{m1} & a_{m2} & \dots & \dots & a_{mn} \end{pmatrix}$$

Ein lineares Gleichungssystem lässt sich in Matrixform kürzer schreiben. Hier als Beispiel ein System mit 3 Variablen:

$$\begin{aligned} a_{11}x_1 + a_{12}x_2 + a_{13}x_3 &= b_1 \\ a_{21}x_1 + a_{22}x_2 + a_{23}x_3 &= b_2 \\ a_{31}x_1 + a_{32}x_2 + a_{33}x_3 &= b_3 \end{aligned} \Leftrightarrow A \cdot \vec{x} = \vec{b} \text{ mit}$$

$$A = \begin{pmatrix} a_{11} & a_{12} & a_{13} \\ a_{21} & a_{22} & a_{23} \\ a_{31} & a_{32} & a_{33} \end{pmatrix}, \quad \vec{x} = \begin{pmatrix} x_1 \\ x_2 \\ x_3 \end{pmatrix}, \quad \vec{b} = \begin{pmatrix} b_1 \\ b_2 \\ b_3 \end{pmatrix}$$

$\vec{b}$ ist die gegebene rechte Seite des Gleichungssystems, $\vec{x}$ der gesuchte Lösungsvektor.

Determinante

Eine wichtige Zahl im Zusammenhang mit Matrizen ist die **Determinante**. Sie ist für 2×2-Matrizen definiert als

$$\det \begin{pmatrix} a_{11} & a_{12} \\ a_{21} & a_{22} \end{pmatrix} = \begin{vmatrix} a_{11} & a_{12} \\ a_{21} & a_{22} \end{vmatrix} = a_{11} \cdot a_{22} - a_{12} \cdot a_{21}.$$

Die Berechnung größerer Determinanten kann man auf zweireihige Determinanten zurückführen, indem man die große Determinante nach der ersten Zeile entwickelt. Jedes Element der ersten Zeile wird mit der Determinante der Matrix multipliziert, die durch Streichen der jeweiligen Zeile und Spalte entsteht. Die einzelnen Elemente erhalten dabei abwechselnd positives und negatives Vorzeichen.

Für eine 3 × 3-Matrix ergibt sich so:

$$\det \begin{pmatrix} a_{11} & a_{12} & a_{13} \\ a_{21} & a_{22} & a_{23} \\ a_{31} & a_{32} & a_{33} \end{pmatrix} = \begin{vmatrix} a_{11} & a_{12} & a_{13} \\ a_{21} & a_{22} & a_{23} \\ a_{31} & a_{32} & a_{33} \end{vmatrix}$$

$$= a_{11} \begin{vmatrix} a_{22} & a_{23} \\ a_{32} & a_{33} \end{vmatrix} - a_{12} \begin{vmatrix} a_{21} & a_{23} \\ a_{31} & a_{33} \end{vmatrix} + a_{13} \begin{vmatrix} a_{21} & a_{22} \\ a_{31} & a_{32} \end{vmatrix}$$

Mit Hilfe der Determinante $D = \det(A)$ können Sie nicht nur wie auf S. 33 gezeigt die Lösung eines Gleichungssystems berechnen, sondern auch vorab schon Entscheidungen über die Lösbarkeit des Systems treffen:

- Gilt $D \neq 0$, so ist das System für beliebige rechte Seiten b eindeutig lösbar, die Lösung ist $x_i = \dfrac{D_i}{D}$.
- Gilt $D = 0$, so hat das homogene System $A \cdot \vec{x} = \vec{0}$ unendlich viele Lösungen. Das inhomogene System $A \cdot \vec{x} = \vec{b} \neq \vec{0}$ ist nicht für alle $\vec{b}$ lösbar. Ist es lösbar, so ist die Lösung nicht eindeutig.

Matrizenprodukt

Das Produkt $A \cdot B$ zweier Matrizen A und B ist nur definiert, wenn die Spaltenzahl von A gleich der Zeilenzahl von B ist. Es gilt:

$$A \cdot B = C \text{ mit } c_{ik} = a_{i1}b_{1k} + a_{i2}b_{2k} + \cdots + a_{in}b_{nk}$$

Zur Berechnung des Elements von C, das in Zeile i und Spalte k steht, multiplizieren Sie also die i-te Zeile von A mit der k-ten Spalte von B.

Beispiel

$$\begin{pmatrix} 1 & 2 & 3 \\ 4 & 5 & 6 \end{pmatrix} \cdot \begin{pmatrix} 2 & 4 \\ 1 & 3 \\ 6 & 5 \end{pmatrix} = \begin{pmatrix} 1 \cdot 2 + 2 \cdot 1 + 3 \cdot 6 & 1 \cdot 4 + 2 \cdot 3 + 3 \cdot 5 \\ 4 \cdot 2 + 5 \cdot 1 + 6 \cdot 6 & 4 \cdot 4 + 5 \cdot 3 + 6 \cdot 5 \end{pmatrix}$$

$$= \begin{pmatrix} 22 & 25 \\ 49 & 61 \end{pmatrix}$$

Prozent-, Zins- und Zinseszins-Rechnung

Prozentrechnung

Prozent bedeutet „von hundert“.
$p\,\%$ entsprechen somit $\frac{p}{100}$.

Beispiel
Möchten Sie z. B. ausrechnen, wie viel 19 % (Prozentsatz) von 250 € (Grundwert) sind, so rechnen Sie:

$$250\,€ \cdot \frac{19}{100} = 47{,}50\,€.$$

Allgemein erhält man mit
p - Prozentsatz
P - Prozentwert
G - Grundwert
E - Endwert

$$\frac{P}{G} = \frac{p}{100} \quad \Leftrightarrow \quad P = \frac{p}{100} G \quad \Leftrightarrow \quad p\,\% = \frac{P}{G} \cdot 100\,\%$$

Beispiel

Wie viel Prozent sind 30,60 € bei einem Betrag von 153 €?
Es gilt: $G = 153$ €, $P = 30{,}60$ €, also

$$p = \frac{P}{G} 100\,\% = \frac{30{,}60}{153} 100\,\% = 20\,\%$$

Beispiel

Werden z. B. auf den Einkaufspreis von 530 € 45 % aufgeschlagen, so kann man zunächst den Aufschlag berechnen: $530\,€ \cdot \frac{45}{100} = 238{,}50\,€$ und ihn dann zum Einkaufspreis addieren:
$530\,€ + 238{,}50\,€ = 768{,}50\,€$.

Alternativ können Sie auch direkt die folgende Formel für den Endpreis E benutzen:

$$E = G \cdot \left(1 + \frac{p}{100}\right)$$

Möchten Sie den Grundwert G aus dem Endwert E berechnen, so verwenden Sie die äquivalente Formel:

$$G = \frac{E}{1 + \frac{p}{100}} = \frac{100 \cdot E}{100 + p}$$

Prozent „auf" und „im" Hundert

Bei den beiden letzten Formeln handelt es sich um Aufschläge auf den Grundpreis, man spricht deshalb von einer **„Auf-Hundert"-Rechnung**.
Wollen Sie den prozentualen Mehrwertsteueranteil bzgl. des Bruttopreises berechnen, so verwenden Sie die Formel:

$$\tilde{p}\,\% = \frac{100 \cdot p}{100 + p}\,\%$$

Beispiel
Wollen Sie z. B. wissen, wie hoch der Mehrwertsteueranteil $\tilde{p}$ bei $p\,\% = 19\,\%$ Mehrwertsteuer bei einem Endverkaufspreis E von 200 € ist, so rechnen Sie „auf" Hundert:

$$\tilde{p}\,\% = \frac{100 \cdot 19}{100 + 19}\,\% = 15{,}966\,\%$$

Dies entspricht einem Mehrwertsteueranteil von 200 € · 15,966 % = 31,93 €. Der Nettopreis ist somit 200 € − 31,93 € = 168,07 €.

Handelt es sich um Abschläge auf den Preis, wie Rabatte, Skonti, ..., so benötigen Sie die **„Im-Hundert"**-Rechnung:

$$\tilde{p}\,\% = \frac{100 \cdot p}{100 - p}\,\%$$

Beispiel
Einer Preisreduktion von 20 % auf den ursprünglichen Preis von 200 € entsprechen 40 €, die aber bzgl. des reduzierten Preises von 160 € sogar $\frac{40}{160} = 25\,\%$ entsprechen. Die Rechnung mit der obigen Formel liefert dasselbe Ergebnis:

$$\tilde{p}\,\% = \frac{100 \cdot 20}{100 - 20}\,\% = 25\,\%$$

Zins- und Zinseszinsrechnung

Bezeichnungen:

- Z_n - Zinswert innerhalb von n Jahren
- p - Zinssatz pro Zinsperiode (in Prozent)
- n - Anzahl der Zinsperioden
- K_0 - Anfangskapital
- K_n - Kapital nach n Zinsperioden
- n - Anzahl der Zinsperioden
- R - regelmäßige Einzahlung

Ohne Zinseszins

Werden die einmal angefallenen Zinsen in den weiteren Perioden **nicht** weiter verzinst, so rechnet man ohne Zinseszins:

$$Z_n = \frac{K_0 \cdot n \cdot p}{100}$$

$$K_n = K_0 \cdot \left(1 + \frac{n \cdot p}{100}\right) = K_0 + Z_n$$

$$p\,\% = 100 \cdot \frac{K_n - K_0}{K_0 \cdot n}\,\% = 100 \cdot \frac{Z_n}{K_0 \cdot n}\,\%$$

$$n = \frac{100 \cdot Z_n}{K_0 \cdot p}$$

Beispiel

Wie viel Zinsen bringen 1000 € bei 3 % in 5 Jahren, wenn die Zinsen jedes Jahr abgehoben werden?

$$Z_5 = \frac{1000 \cdot 5 \cdot 3}{100}\,€ = 150\,€$$

Mit Zinseszins

Wenn die Zinsen in jedem Jahr auf das Kapital aufgeschlagen und dann mitverzinst werden, benötigen Sie die Zinseszinsrechnung.

Da ein einmal eingezahltes Kapital somit in jeder Zinsperiode um den sog. **Aufzinsungsfaktor** $q = \left(1 + \frac{p}{100}\right)$ wächst, ergibt sich nach n Zinsperioden:

$$K_n = K_0 \cdot \left(1 + \frac{p}{100}\right)^n = K_0 q^n$$

$$K_0 = \frac{K_n}{\left(1+\frac{p}{100}\right)^n} = \frac{K_n}{q^n}$$

$$Z_n = K_n - K_0 = K_0 \cdot \left(\left(1+\frac{p}{100}\right)^n - 1\right) = K_0 \cdot (q^n - 1)$$

$$p\,\% = 100 \cdot \left(\sqrt[n]{\frac{K_n}{K_0}} - 1\right)\,\%$$

$$n = \frac{\log(K_n) - \log(K_0)}{\log\left(1+\frac{p}{100}\right)} = \frac{\log(K_n) - \log(K_0)}{\log q}$$

Beispiel
Wie viel Zinsen bringen 1000 € bei 3 % in 5 Jahren?

$$K_5 = 1000\,€\left(1+\frac{3}{100}\right)^5 = 1159{,}27\,€$$

$$Z_5 = 1159{,}27\,€ - 1000\,€ = 159{,}27\,€$$

Beispiel
Wie lange dauert es bei einem Zinssatz von 5 %, bis ein Kapital auf den doppelten Wert angewachsen ist?

$$K_n = 2K_0$$

$$\Rightarrow n = \frac{\log(2K_0) - \log(K_0)}{\log\left(1+\frac{5}{100}\right)} = \frac{\log\left(\frac{2K_0}{K_0}\right)}{\log\left(1+\frac{5}{100}\right)}$$

$$= \frac{\log 2}{\log(1{,}05)} = 14{,}2 \text{ Jahre}$$

Beispiel
Wie viel Geld müssen Sie heute zu 5 % Zinsen anlegen, um in 20 Jahren 20000 € zur Verfügung zu haben?

$$K_0 = \frac{K_n}{\left(1+\frac{p}{100}\right)^n} = \frac{20000€}{1{,}05^{20}} = 7537{,}79\,€$$

Der **Barwert** ist der Wert, den Sie heute anlegen müssen, um in n Jahren ein Kapital der Höhe K_n zur Verfügung zu haben: Er ist identisch mit dem Anfangskapital K_0. Sie berechnen ihn, indem Sie die nach K_0 aufgelöste Gleichung verwenden.

Beispiel

Wie groß ist der Barwert eines Kapitals von 1000 €, das in 10 Jahren zur Verfügung steht, bei 5 % Zinsen?
Einsetzen in

$$K_0 = \frac{K_n}{\left(1 + \frac{p}{100}\right)^n}$$

ergibt mit $p = 5$, $n = 10$, $K_n = K_{10} = 1000$

$$K_0 = \frac{1000\,€}{1{,}05^{10}} = 613{,}91\,€.$$

Der **Effektivzins** p_{eff} ergibt sich aus

$$p_{\text{eff}} = \left(\left(1 + \frac{p}{100}\right)^m - 1\right) \cdot 100,$$

wenn m die Anzahl der Zinsperioden pro Jahr ist. Er ist, auch wenn keine Kosten anfallen, höher als der Nominalzins, da die Zinsen erst am Ende des Jahres fällig wären, aber schon während des Jahres – also im Voraus – gezahlt werden. Zusätzliche Kosten oder ein Disagio sind in dieser Formel nicht berücksichtigt.

Spart man regelmäßig einen festen Betrag R, so spricht man von regelmäßigen Einzahlungen oder **Rentenrechnung**. Dabei muss man unterscheiden, zu welchem Zeitpunkt ein- oder ausgezahlt wird.

Für Einzahlungen bzw. Abhebungen (für Abhebungen verwende man das Minuszeichen) am Ende der Zinsperiode (nachschüssige Zahlung) gilt

$$K_n^{\text{nach}} = K_0\left(1+\frac{p}{100}\right)^n \pm R\frac{\left(1+\frac{p}{100}\right)^n-1}{\frac{p}{100}}$$
$$= K_0 q^n \pm R\frac{(q^n-1)}{q-1}$$

mit $q = 1 + \frac{p}{100}$. Für Einzahlungen bzw. Abhebungen zu Beginn der Zinsperiode gilt:

$$K_n^{\text{vor}} = K_0\left(1+\frac{p}{100}\right)^n \pm \left(1+\frac{p}{100}\right) R\frac{\left(1+\frac{p}{100}\right)^n-1}{\frac{p}{100}}$$
$$= K_0 q^n \pm q\cdot R\frac{q^n-1}{q-1}$$

Beispiel

Wie viel Geld erhalten Sie nach 20 Jahren, wenn Sie jährlich 1200 € zu Beginn eines Jahres zu 5 % für eine Rente anlegen?
Hier ist das Anfangskapital $K_0 = 0$, $q = 1 + 5\,\% = 1{,}05$, $R = 1200$:

$$K_{20}^{\text{vor}} = q\cdot R\frac{(q^n-1)}{q-1} = 1{,}05\cdot 1200\cdot\frac{1{,}05^{20}-1}{0{,}05} = 41663{,}10\,€$$

Für ein **Annuitätendarlehen**, bei dem ein Darlehensbetrag K in konstanten jährlichen Raten R, die sich aus Zins und **Tilgung** zusammensetzen, getilgt wird, ergibt sich bei Tilgung über n Jahre mit einem Zins von $p\,\%$ für die **Restschuld** S_n nach n Jahren:

$$S_n = K\left(1+\frac{p}{100}\right)^n - R\frac{\left(1+\frac{p}{100}\right)^n-1}{\frac{p}{100}}$$
$$= Kq^n - R\frac{q^n-1}{q-1}$$

Die Raten sind hier konstant, während der Zinsanteil an der Rate im Laufe der Jahre sinkt, der Tilgungsanteil aber steigt.

Möchten Sie nun wissen, wie lange es bei einer gegebenen Ratenhöhe R dauert, die Gesamtschuld zu tilgen, so müssen Sie die Gleichung $S_n = 0$ nach n auflösen:

$$
\begin{aligned}
S_n &= Kq^n - R\frac{q^n - 1}{q - 1} = 0 \\
\Leftrightarrow 0 &= q^n\left(K - \frac{R}{q-1}\right) + \frac{R}{q-1} \\
\Leftrightarrow q^n &= -\frac{\frac{R}{q-1}}{K - \frac{R}{q-1}} = \frac{R}{R - K(q-1)} \\
log(q^n) &= n\log(q) = \log\left(\frac{R}{R - K(q - 1)}\right) \\
\Leftrightarrow n &= \frac{\log\left(\frac{R}{R+K(1-q)}\right)}{\log(q)}
\end{aligned}
$$

Analog erhalten Sie durch Auflösen der Gleichung $S_n = 0$ nach der Rate R:

$$
R = K_0 q^n \cdot \frac{q-1}{q^n - 1} = K_0\left(1 + \frac{p}{100}\right)^n \frac{\frac{p}{100}}{\left(1 + \frac{p}{100}\right)^n - 1}
$$

Der Tilgungsfuß f ist der Prozentsatz, mit dem die Schuld getilgt wird:

$$
f\,\% = 100\frac{R - K_0(q-1)}{K_0} = \frac{100R}{K_0} - p = \frac{p}{q^n - 1}\,\%
$$

$$
n = \frac{\log\left(\frac{R}{f \cdot K_0}\right)}{\log q} = \frac{\log\left(1 + \frac{p}{f}\right)}{\log q} = \frac{\log\left(1 + \frac{p}{f}\right)}{\log\left(1 + \frac{p}{100}\right)}
$$

Beispiel
Eine Schuld von 5000 € soll in 5 Jahren bei einem Zins von 5 % getilgt werden. Wie viel ist am Ende jeden Jahres zu zahlen und wie hoch ist der Tilgungsfuß?

$$R = 5000\,€ \cdot (1 + 0.05)^5 \frac{0.05}{1{,}05^5 - 1} = 1154{,}87\,€ \text{ jährliche Rate}$$

$$f = \frac{5}{1{,}05^5 - 1} = 18{,}1\,\% \text{ Tilgungsfuß}$$

Die jährliche Rate beträgt 1154,87 €, davon sind im 1. Jahr 5 %, also 250 €, Zins, die verbleibenden 904,87 € sind Tilgung. Dies entspricht einem Tilgungsfuß von $\frac{904{,}87}{5000} = 18,1\,\%$, also genau dem berechneten Tilgungsfuß. Am Ende des 2. Jahres beträgt die Restschuld noch

$$S_2 = 5000€ \cdot 1{,}05^2 - 1154{,}87 \frac{1{,}05^2 - 1}{0{,}05} = 3145{,}01€.$$

Abschreibung

Zur Vermögensermittlung werden Wirtschaftsgüter abgeschrieben. Man unterscheidet zwischen linearer und geometrisch-degressiver Abschreibung.

Lineare Abschreibung

Der jährliche Abschreibungsbetrag bei der linearen Abschreibung beträgt

$$A = \frac{K_0 - K_n}{n},$$

wenn K_0 der Wert zu Beginn und K_n der Restwert nach n Jahren ist. Hier wird also in jedem Jahr derselbe Betrag abgeschrieben.
Soll der Restwert nach n Jahren gleich 0 sein, so ist die jährliche Abschreibung $A = \frac{K_0}{n}$.

Geometrisch-degressive Abschreibung

Bei der geometrisch-degressiven Abschreibung ergibt sich für den Restwert nach n Jahren

$$K_n = K_0 \cdot q^n = K_0 \cdot \left(1 - \frac{p}{100}\right)^n,$$

wobei $q = 1 - \frac{p}{100}$ und p der Abschreibungssatz in % ist. Der Abschreibungsbetrag A_n im Jahr n ist

$$A_n = K_{n-1} \cdot \frac{p}{100} = K_0 \left(1 - \frac{p}{100}\right)^{n-1} \cdot \frac{p}{100} = K_0 q^{n-1} \cdot \frac{p}{100}.$$

Die Abschreibungsbeträge fallen von Jahr zu Jahr. Theoretisch wird der Restwert hier niemals 0.

Geometrie

Ebene Geometrie

Winkel

Winkel werden meist in **Grad** oder im **Bogenmaß** gemessen. Als Gradmaß verwendet man eine Unterteilung des Kreises in 360°. Das Bogenmaß ist die Bogenlänge bei einem Kreis mit Radius 1. Ein Vollkreis hat 360° und die Größe 2π im Bogenmaß, ein rechter Winkel 90° und $\frac{\pi}{2}$ im Bogenmaß.
Umrechnungsformel zwischen Grad und Bogenmaß:
(α in Grad $\leftrightarrow$ x im Bogenmaß)

$$\alpha = \frac{180}{\pi} \cdot x \quad \Leftrightarrow \quad x = \frac{\pi}{180} \cdot \alpha$$

Abstände

Der **Abstand** d zweier Punkte in der Ebene mit den Koordinaten $P_1\,(x_1; y_1)$ bzw. $P_2\,(x_2; y_2)$ berechnet sich nach Pythagoras (s. S. 48) zu

$$d = \sqrt{(x_2 - x_1)^2 + (y_1 - y_2)^2}.$$

Im Raum ergibt sich analog

$$d = \sqrt{(x_2 - x_1)^2 + (y_1 - y_2)^2 + (z_2 - z_1)^2},$$

wobei z die dritte Koordinate bezeichnet.

Mittelpunkt zwischen zwei Punkten

Der **Mittelpunkt** der Strecke zwischen den Punkten $P_1\,(x_1; y_1)$ und $P_2\,(x_2; y_2)$ ist

$$m = \left(\frac{x_1 + x_2}{2}; \frac{y_1 + y_2}{2}\right) \text{ in der Ebene bzw.}$$

$$m = \left(\frac{x_1 + x_2}{2}; \frac{y_1 + y_2}{2}; \frac{z_1 + z_2}{2}\right) \text{ im Raum.}$$

Strahlensätze

Wenn $\overline{AB} \parallel \overline{A'B'}$, dann ist das Verhältnis von kurzen zu langen Strecken jeweils konstant:

$$\frac{\overline{AB}}{\overline{A'B'}} = \frac{\overline{SA}}{\overline{SA'}} = \frac{\overline{SB}}{\overline{SB'}}$$

$$\frac{\overline{SA}}{\overline{AA'}} = \frac{\overline{SB}}{\overline{BB'}}$$

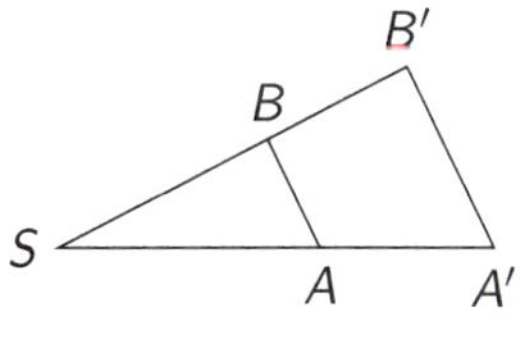

Beispiel

Wie groß ist der Schatten, den ein 1,80 *m* großer Mann, der im Abstand 3 *m* von einem Scheinwerfer steht, an eine 5 *m* vom Scheinwerfer entfernte Wand wirft?

Der Scheinwerfer steht im Scheitelpunkt S, der Fuß des Mannes in A, sein Kopf in B, so dass $\overline{AB} = 1{,}80\ m$. Wegen $\overline{SA'} = 5\ m$ ergibt sich:

$$\frac{\overline{AB}}{\overline{A'B'}} = \frac{1{,}80\ m}{\overline{A'B'}} = \frac{\overline{SA}}{\overline{SA'}} = \frac{3}{5} \quad \Leftrightarrow \quad \overline{A'B'} = 1{,}80\ m \cdot \frac{5}{3} = 3\ m$$

Dreiecke

Die Summe aller Innenwinkel im Dreieck ist 180°:

$$\alpha + \beta + \gamma = 180^\circ$$

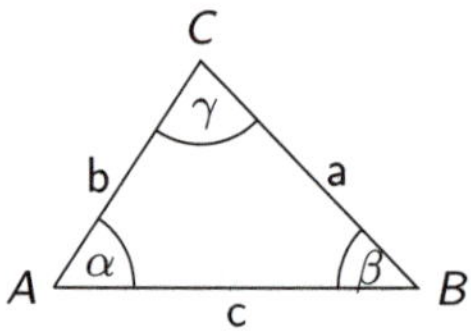

In einem **rechtwinkligen Dreieck** gelten die folgenden Sätze:

- **Satz des Pythagoras**:

$$a^2 + b^2 = c^2$$

- **Kathetensatz**:

$$b^2 = c \cdot p, \quad a^2 = c \cdot q$$

- **Höhensatz**:

$$h^2 = p \cdot q$$

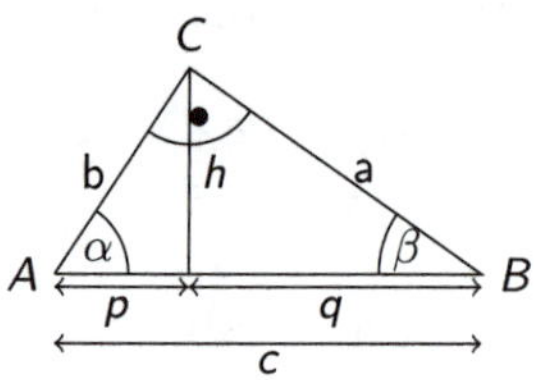

Die **Fläche** eines beliebigen Dreiecks berechnen Sie so:

$$A = \frac{1}{2} \cdot c \cdot h_c = \frac{1}{2} \cdot b \cdot c \cdot \sin\alpha$$

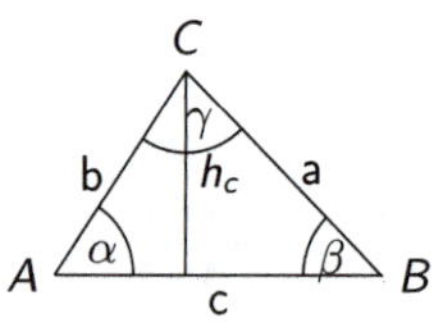

Vierecke

Bezeichnungen:

a, b, c, d	- Seitenlängen
d, e, f	- Diagonalen
A	- Flächeninhalt
U	- Umfang

Quadrat: Alle vier Seiten sind gleich lang, je zwei sind parallel zueinander, alle Innenwinkel sind rechte Winkel, die Diagonalen sind gleich lang und schneiden sich rechtwinklig.

$$A = a^2$$
$$U = 4 \cdot a$$
$$d = \sqrt{2} \cdot a$$

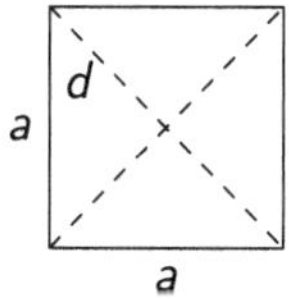

Rechteck: Je zwei Seiten sind parallel zueinander, alle Innenwinkel sind rechte Winkel, die Diagonalen sind gleich lang.

$$A = a \cdot b$$
$$U = 2 \cdot (a + b)$$
$$d = \sqrt{a^2 + b^2}$$

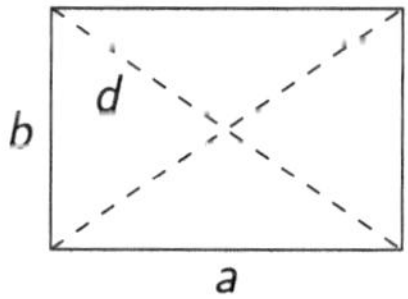

Parallelogramm: Je zwei Seiten sind parallel zueinander, die Diagonalen halbieren sich gegenseitig.

$$A = a \cdot h_a$$
$$U = 2 \cdot (a + b)$$

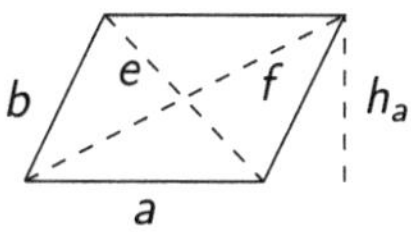

Raute (Rhombus): 4 gleich lange Seiten, die Diagonalen stehen senkrecht aufeinander.

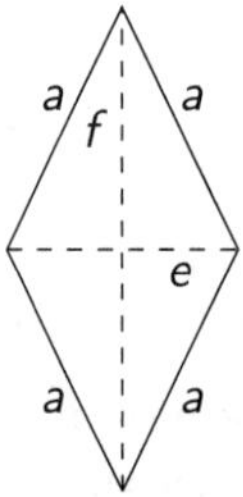

$$A = \frac{e \cdot f}{2}$$

$$U = 4 \cdot a$$

$$a^2 = \frac{e^2}{4} + \frac{f^2}{4}$$

Trapez: Zwei gegenüberliegende Seiten sind parallel zueinander.

$$A = \frac{a + c}{2} \cdot h = m \cdot h$$

$$U = a + b + c + d$$

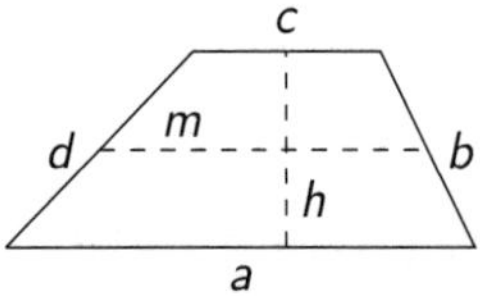

Andere geradlinig begrenzte Flächeninhalte berechnen Sie, indem Sie die Fläche in Dreiecke und Rechtecke aufteilen.

Kreisgeometrie

Kreis mit dem Radius r:

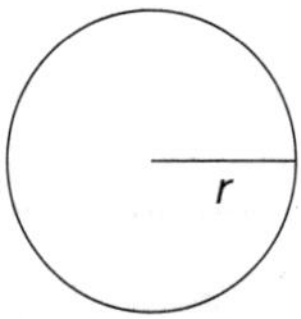

$$A = \pi \cdot r^2$$

$$U = 2 \cdot \pi \cdot r$$

Kreissektor mit Winkel θ im Bogenmaß, Radius r:

$$A = \frac{1}{2} \cdot \theta \cdot r^2$$

$$s = r \cdot \theta$$

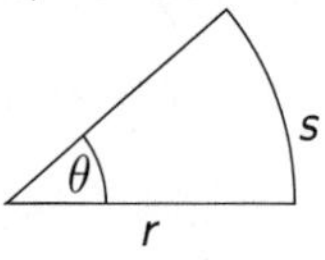

Geometrische Körper

Weitere Bezeichnungen:

- r - Radius
- O - Oberfläche
- M - Mantelfläche
- V - Volumen
- h - Höhe
- s - Länge der Mantellinie

Würfel mit der Seitenlänge a:

$$V = a^3$$

$$O = 6 \cdot a^2$$

$$d = a \cdot \sqrt{3}$$

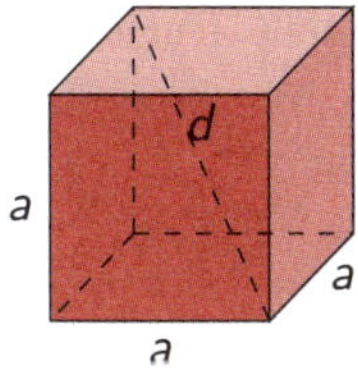

Quader mit den Seitenlängen a, b, c:

$$V = a \cdot b \cdot c$$

$$O = 2 \cdot (a \cdot b + a \cdot c + b \cdot c)$$

$$d = \sqrt{a^2 + b^2 + c^2}$$

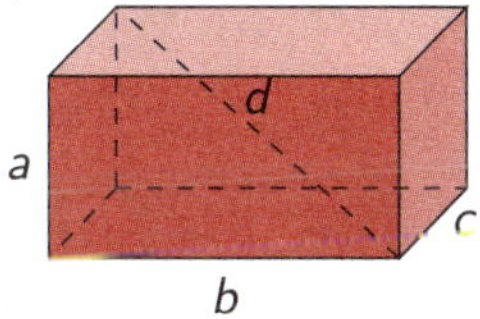

Spitzer **Kegel** der Höhe h und Grundfläche G:

$$V = \frac{1}{3} G \cdot h$$

Der Schwerpunkt liegt auf der Mittelachse in der Höhe $\frac{h}{4}$.

Spezialfall: **Spitzer Kreiskegel**:
Hier ist die Grundfläche die Kreisfläche, also: $G = \pi \cdot r^2$.

$$V = \frac{1}{3} \cdot \pi \cdot r^2 \cdot h$$

$$O = \underbrace{\pi \cdot r^2}_{\text{Bodenfläche}} + \underbrace{\pi \cdot r \cdot s}_{\text{Mantelfläche}}$$

$$s = \sqrt{r^2 + h^2}$$

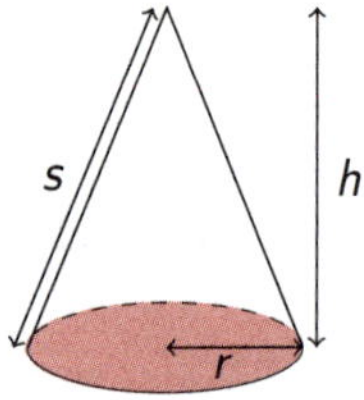

Spezialfall: **Pyramide mit quadratischer Grundfläche**: Hier ist die Grundfläche ein Quadrat, also: $G = a^2$.

$$V = \frac{1}{3} \cdot a^2 \cdot h$$

$$O = \underbrace{a^2}_{\text{Bodenfläche}} + \underbrace{2a\sqrt{h^2 + \frac{a^2}{4}}}_{\text{Mantelfläche}}$$

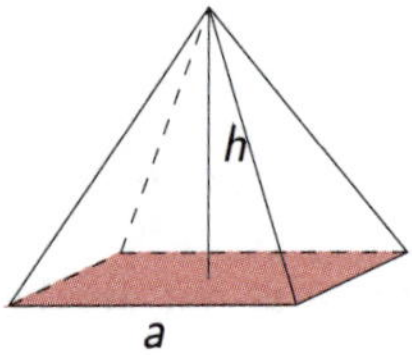

Zylinder der Höhe h und Grundfläche G:

$$V = G \cdot h$$

Spezialfall: **Kreiszylinder**:

$$V = \pi \cdot r^2 \cdot h$$

$$O = \underbrace{2 \cdot \pi \cdot r^2}_{\text{Boden und Deckel}} + \underbrace{2 \cdot \pi \cdot r \cdot h}_{\text{Mantel } M}$$

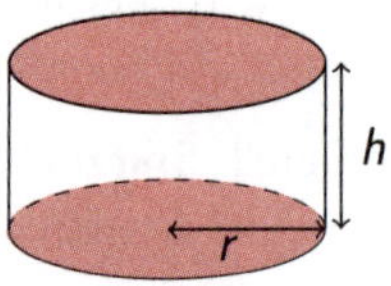

Kugel mit Radius r:

$$V = \frac{4}{3} \cdot \pi \cdot r^3$$
$$O = 4 \cdot \pi \cdot r^2$$

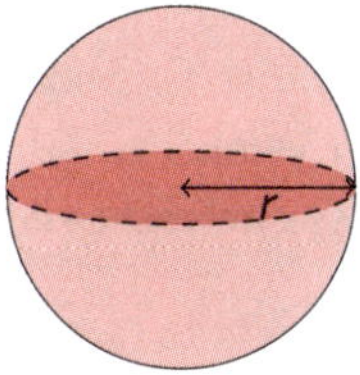

Kugelkappe:

$$V = \frac{\pi}{3} \cdot h^2 \cdot (3r - h)$$
$$M = 2 \cdot \pi \cdot r \cdot h$$
$$r_1 = \sqrt{h(2r - h)}$$

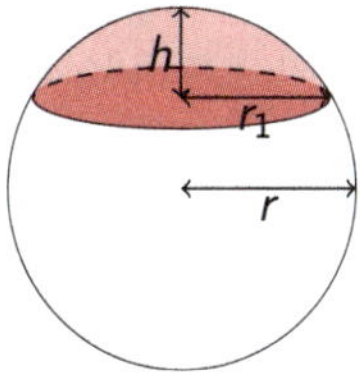

Kugelsektor:

$$V = \frac{2 \cdot \pi}{3} \cdot r^2 \cdot h$$
$$M = 2 \cdot \pi \cdot r \cdot \left(h + \frac{1}{2}\sqrt{h \cdot (2r - h)}\right)$$

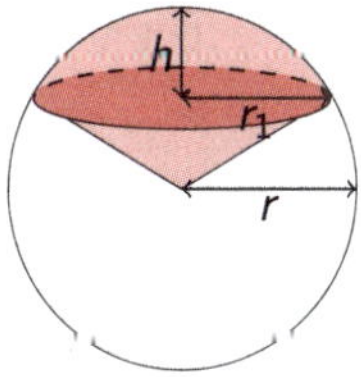

Kugelschicht:

$$V = \frac{\pi h}{6} \cdot (3r_1^2 + 3r_2^2 + h^2)$$
$$M = 2 \cdot \pi \cdot r \cdot h$$

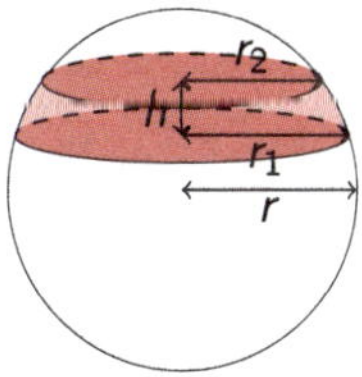

Ellipsoid mit den Achsen a, b, c:

$$V = \frac{4}{3} \cdot \pi \cdot a \cdot b \cdot c$$

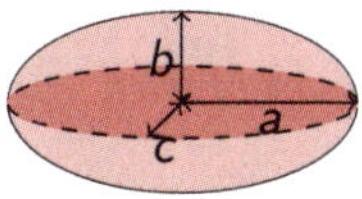

Trigonometrie

Die vier trigonometrischen Funktionen sind zunächst nur für Winkel zwischen 0° und 90° als gewisse Seitenverhältnisse im rechtwinkligen Dreieck definiert:

$$\sin\alpha = \frac{\text{Gegenkathete}}{\text{Hypotenuse}}$$

$$\cos\alpha = \frac{\text{Ankathete}}{\text{Hypotenuse}}$$

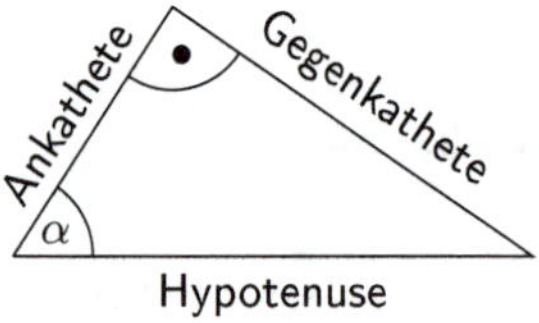

$$\tan\alpha = \frac{\text{Gegenkathete}}{\text{Ankathete}} = \frac{\sin\alpha}{\cos\alpha}$$

$$\cot\alpha = \frac{\text{Ankathete}}{\text{Gegenkathete}} = \frac{\cos\alpha}{\sin\alpha} = \frac{1}{\tan\alpha}$$

Es gilt

$$\sin^2\alpha + \cos^2\alpha = 1$$

mit $\sin^2\alpha = (\sin\alpha)^2$ und $\cos^2\alpha = (\cos\alpha)^2$.

In einem beliebigen (d. h. nicht unbedingt rechtwinkligen) Dreieck gilt:

- Sinussatz:

$$\frac{\sin(\alpha)}{a} = \frac{\sin(\beta)}{b} = \frac{\sin(\gamma)}{c}$$

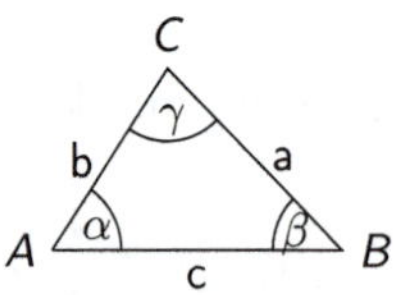

■ Cosinussatz:

$$a^2 = b^2 + c^2 - 2 \cdot b \cdot c \cdot \cos(\alpha)$$
$$b^2 = a^2 + c^2 - 2 \cdot a \cdot c \cdot \cos(\beta)$$
$$c^2 = a^2 + b^2 - 2 \cdot a \cdot b \cdot \cos(\gamma)$$

Beispiel

Die Städte A und B sind 5 km voneinander entfernt, A und C 4 km. Wie weit ist B von C entfernt, wenn der Winkel zwischen $\overline{AB}$ und $\overline{AC} = 40°$ beträgt?

Es gilt $a = \overline{BC}$, $b = \overline{AC} = 4$, $c = \overline{AB} = 5$, $\alpha = 40°$

$$\overline{BC}^2 = a^2 = b^2 + c^2 - 2 \cdot b \cdot c \cdot \cos(\alpha)$$
$$= 4^2 + 5^2 - 2 \cdot 4 \cdot 5 \cos(40°) \approx 10{,}358$$
$$\Rightarrow \quad \overline{BC} = 3{,}218 \text{ km}$$

Die wichtigsten Werte der trigonometrischen Funktionen können Sie der folgenden Tabelle entnehmen:

α	x	$\sin\alpha$	$\cos\alpha$	$\tan\alpha$
0	0	0	1	0
30°	$\frac{\pi}{6}$	$\frac{1}{2}$	$\frac{\sqrt{3}}{2}$	$\frac{1}{\sqrt{3}}$
45°	$\frac{\pi}{4}$	$\frac{1}{\sqrt{2}}$	$\frac{1}{\sqrt{2}}$	1
60°	$\frac{\pi}{3}$	$\frac{\sqrt{3}}{2}$	$\frac{1}{2}$	$\sqrt{3}$
90°	$\frac{\pi}{2}$	1	0	–

Funktionen

Folgen

Setzen Sie in die Formel $a_n = \frac{1}{(n+1)^2}$ nacheinander die natürlichen Zahlen 0, 1, 2, 3, ... anstelle von n ein, so erhalten Sie:

$$1, \frac{1}{4}, \frac{1}{9}, \frac{1}{16}, \ldots$$

Dies ist eine **unendliche Folge** reeller Zahlen.

Arithmetische Folgen

Eine Folge, bei der die Differenz $d = a_{n+1} - a_n$ zweier Folgenglieder immer konstant ist, heißt **arithmetische Folge**.
Ist das erste Folgenglied a_0, so können Sie bei arithmetischen Folgen das n-te Glied a_n einfach berechnen:

$$a_n = a_0 + n \cdot d$$

Beispiel
In der Folge 3, 5, 7, 9,... ist die Differenz zweier Folgenglieder immer konstant $d = 2$. Deshalb gilt wegen $a_0 = 3$:

$$a_n = 3 + n \cdot 2 = 2n + 3$$

Geometrische Folgen

Eine Folge, bei der sich die Folgenglieder um einen konstanten Faktor q ändern, heißt **geometrische Folge**.

$$q = \frac{a_{n+1}}{a_n} \quad \Leftrightarrow \quad a_{n+1} = q \cdot a_n$$

Ist das erste Folgenglied a_0, so können Sie auch bei geometrischen Folgen das n-te Glied a_n einfach berechnen:

$$a_n = a_0 \cdot q^n$$

Beispiel

In der Folge 2, 4, 8, 16, ... ist der Quotient zweier Folgenglieder immer konstant $q = 2$. Hier gilt wegen $a_0 = 2$:

$$a_n = 2 \cdot 2^n = 2^{n+1}$$

Beispiel

Rechnen Sie mit Zinseszins, so bildet das Kapital nach n Jahren eine geometrische Folge mit $q = 1 + \frac{p}{100}$ und $a_0 = K_0$.

Grenzwerte von Folgen und Funktionen

Nähert sich eine Folge a_n für $n \to \infty$ immer stärker einer Zahl a, so sagt man, die Folge hat den **Grenzwert** a:

$$\lim_{n \to \infty} a_n = a$$

Analog zu den Folgengrenzwerten definiert man Funktionengrenzwerte. Hier muss die unabhängige Variable aber nicht unbedingt gegen ∞ gehen, sondern es sind beliebige Punkte zulässig: Nähert sich der Funktionswert $f(x)$

(s. S. 64) bei Annäherung von x an x_0 immer stärker dem Wert c, so schreibt man

$$\lim_{x \to x_0} f(x) = c$$

und spricht: „Der Grenzwert von $f(x)$ für x gegen x_0 ist c." Dies gilt auch für den Fall, dass x_0 oder c unendlich sind.

Der Grenzwert der Summe, des Produkts und des Quotienten konvergenter Folgen und Funktionen, ist die Summe, das Produkt, ... der Grenzwerte der Einzelfolgen bzw. -funktionen, wenn der Grenzwert der Nennerfolge bzw. Nennerfunktion nicht 0 ist:

$$\lim_{x \to x_0} (f(x) \pm g(x)) = \lim_{x \to x_0} f(x) \pm \lim_{x \to x_0} g(x)$$

$$\lim_{x \to x_0} (f(x) \cdot g(x)) = \lim_{x \to x_0} f(x) \cdot \lim_{x \to x_0} g(x)$$

$$\lim_{x \to x_0} \frac{f(x)}{g(x)} = \frac{\lim_{x \to x_0} f(x)}{\lim_{x \to x_0} g(x)}, \text{ falls } \lim_{x \to x_0} g(x) \neq 0$$

Für Folgengrenzwerte gilt dies analog, nur dass x_0 immer unendlich ist und die unabhängige Variable meist nicht x, sondern n heißt.

Beispiele

$$\lim_{n \to \infty} \frac{2n^3 - n^2 + 5}{5n^3 + 2n - 1} = \lim_{n \to \infty} \frac{2 - \frac{1}{n} + \frac{5}{n^2}}{5 + \frac{2}{n^2} - \frac{1}{n^3}} = \frac{2}{5}$$

$$\lim_{n \to \infty} \frac{n^3 - 6n^2}{n^4 + 6n^2} = \lim_{n \to \infty} \frac{\frac{1}{n} - \frac{6}{n^2}}{1 + \frac{6}{n^2}} = \frac{0}{1} = 0$$

$$\lim_{n\to\infty}\left(\frac{2-3n}{n+4}\right)^2=\lim_{n\to\infty}\left(\frac{\frac{2}{n}-3}{1+\frac{4}{n}}\right)^2=3^2=9$$

$$\lim_{n\to\infty}\left(\frac{4n+2}{5n-1}\right)\left(\frac{3}{2}+\frac{2}{n+1}\right)=\frac{4}{5}\cdot\frac{3}{2}=\frac{6}{5}$$

Sind Zähler und Nenner Polynome, so können Sie den Grenzwert für $n \to \infty$ direkt an ihrem Grad, also dem höchsten auftretenden Exponenten, ablesen:

- Gilt Zählergrad < Nennergrad, so gilt $\lim_{n\to\infty} a_n = 0$.

  Beispiel

  $$\lim_{n\to\infty}\frac{2n^3-n^2+5}{5n^4+2n-1}=0$$

- Gilt Zählergrad = Nennergrad, so gilt:

  $\lim_{n\to\infty} a_n =$ Verhältnis der Koeffizienten der höchsten Potenz.

  Beispiel

  $$\lim_{n\to\infty}\frac{2n^3-n^2+5}{5n^3+2n-1}=\frac{2}{5}$$

- Gilt Zählergrad > Nennergrad, so gilt $\lim_{n\to\infty} a_n = \pm\infty$.

  Beispiel

  $$\lim_{n\to\infty}\frac{2n^4-n^2+5}{5n^3+2n-1}=\infty$$

Vorsicht: $\lim_{n\to\infty}\left(1+\frac{1}{n}\right)^n=e$

Die Regeln von L'Hospital

Sehr nützlich bei der Bestimmung von Grenzwerten der Form „$\frac{0}{0}$“ oder „$\frac{\infty}{\infty}$“ sind die Regeln von l'Hospital: Konvergieren Zähler und Nenner beide gegen 0 oder beide gegen ∞, so leiten Sie Zähler und Nenner einzeln ab (s. S. 80 ff.) und schauen sich den Grenzwert dieses neuen Bruchs an.

Gilt $f(x) \to 0$, $g(x) \to 0$ oder $f(x) \to \infty$, $g(x) \to \infty$ für $x \to x_0$, und existiert $\lim_{x\to x_0} \frac{f'(x)}{g'(x)}$ dann gilt:

$$\lim_{x\to x_0} \frac{f(x)}{g(x)} = \lim_{x\to x_0} \frac{f'(x)}{g'(x)}$$

Beispiel

$$\lim_{x\to\infty} \left(\frac{x}{\ln x}\right) \overset{\text{L'H. mit } \frac{\infty}{\infty}}{=} \lim_{x\to\infty} \frac{1}{\frac{1}{x}} = \lim_{x\to\infty} x = \infty$$

Beispiel

$$\lim_{x\to\infty} \left(x \ln\left(\frac{x+1}{x-1}\right)\right) \overset{\text{Logarithmengesetze}}{=} \lim_{x\to\infty} \frac{\ln(x+1) - \ln(x-1)}{\frac{1}{x}}$$

$$\overset{\text{L'H. mit } \frac{0}{0}}{=} \lim_{x\to\infty} \frac{\frac{1}{x+1} - \frac{1}{x-1}}{-\frac{1}{x^2}}$$

$$= \lim_{x\to\infty} -\frac{x^2(x-1-(x+1))}{(x+1)(x-1)} = 2$$

Für die Anwendung der Regeln von L'Hospital ist es wichtig zu prüfen, ob wirklich Terme der geforderten Form (also „$\frac{\infty}{\infty}$“ bzw. „$\frac{0}{0}$“) vorliegen, sonst kann dies zu falschen Ergebnissen führen!

Reihen

Summenzeichen

Um lange Summen nicht ausschreiben zu müssen, können Sie abkürzend das Summenzeichen verwenden:

$$a_{i_0} + a_{i_0+1} + \cdots + a_n = \sum_{i=i_0}^{n} a_i$$

Beispiele

$$1 + 2 + 3 + \cdots + 100 = \sum_{i=1}^{100} i$$

$$3^2 + \cdots + 20^2 = \sum_{i=3}^{20} i^2$$

Endliche Summen

Rechenregeln:

$$\sum_{i=i_0}^{n} (a_i + b_i) = \sum_{i=i_0}^{n} a_i + \sum_{i=i_0}^{n} b_i$$

$$\sum_{i=i_0}^{n} c \cdot a_i = c \cdot \sum_{i=i_0}^{n} a_i$$

$$\sum_{i=k}^{m} a_i + \sum_{i=m+1}^{n} a_i = \sum_{i=k}^{n} a_i$$

$$\sum_{i=i_0}^{n} a_i = \sum_{i=i_0+k}^{n+k} a_{i-k} \qquad \text{Indexverschiebung}$$

Wichtige Formeln für endliche Reihen:

$$\sum_{i=1}^{n} c = n \cdot c$$

$$\sum_{i=1}^{n} i = 1 + 2 + \cdots + n = \frac{n(n+1)}{2}$$

$$\sum_{i=1}^{n} i^2 = \frac{n(n+1)(2n+1)}{6}$$

$$\sum_{i=1}^{n} i^3 = \left(\frac{n(n+1)}{2}\right)^2$$

Beispiel

$$5^2 + 6^2 + \cdots + 15^2 = \sum_{i=5}^{15} i^2 = \sum_{i=1}^{15} i^2 - \sum_{i=1}^{4} i^2$$
$$= \frac{15 \cdot 16 \cdot 31}{6} - \frac{4 \cdot 5 \cdot 9}{6} = 1240 - 30 = 1210$$

Arithmetische Reihe:

$$\sum_{i=0}^{n} (a_0 + i \cdot d) = (n+1)\frac{a_0 + a_n}{2} = \frac{n+1}{2}(2a_0 + n \cdot d)$$

Geometrische Reihe:

$$\sum_{i=0}^{n} a_0 q^i = a_0 \frac{1 - q^{n+1}}{1 - q}$$

Unendliche Summen, Reihen

Das Problem bei unendlichen Reihen ist, dass jetzt unendlich viele Zahlen addiert werden und dies nicht unbedingt konvergieren muss.

Eine unendliche Reihe $\sum_{i=i_0}^{\infty} a_i$ konvergiert, wenn $\lim_{n\to\infty} \sum_{i=i_0}^{n} a_i$ existiert.

Notwendige und hinreichende Bedingungen für die Konvergenz von $\sum_{i=i_0}^{\infty} a_i$:

- Notwendige Bedingung (aber nicht hinreichend):

$$\lim_{i\to\infty} a_i = 0$$

- Ist mindestens eine der folgenden Bedingungen erfüllt, so konvergiert die Reihe (hinreichende Bedingungen):
  - **Leibniz-Kriterium** für alternierende Reihen: Reihen, bei denen von Glied zu Glied das Vorzeichen wechselt und bei denen die Reihenglieder eine monoton fallende Nullfolge bilden.
  - **Majorantenkriterium**:

    $|a_n| \leq |b_n <$ für $n \geq N$ und $\sum_{i=i_0}^{\infty} |b_i|$ konvergiert
  - **Quotientenkriterium**: $\lim_{i\to\infty} \left| \frac{a_{i+1}}{a_i} \right| < 1$

Beispiele

- Die Reihe $\sum_{n=1}^{\infty} \frac{(-1)^n}{n}$ konvergiert nach dem Leibniz-Kriterium.
- Die Reihe $\sum_{i=1}^{\infty} \frac{i}{4^i}$ konvergiert:
  Nachweis mit dem Quotientenkriterium: $a_i = \frac{i}{4^i}$

$$\lim_{i\to\infty} \left| \frac{a_{i+1}}{a_i} \right| = \lim_{i\to\infty} \left| \frac{\frac{i+1}{4^{i+1}}}{\frac{i}{4^i}} \right| = \lim_{i\to\infty} \frac{(i+1)\cdot 4^i}{i \cdot 4^{i+1}}$$
$$= \frac{1}{4} \lim_{i\to\infty} \frac{i+1}{i} = \frac{1}{4} \cdot 1 = \frac{1}{4}$$

Grenzwert der unendlichen geometrischen Reihe:

$$\sum_{i=0}^{\infty} a_0 q^i = \frac{a_0}{1-q} \text{ für } |q| < 1$$

Beispiel

$$\sum_{i=1}^{\infty} \frac{1}{2^i} = \sum_{i=0}^{\infty} \left(\frac{1}{2}\right)^i - 1 = \frac{1}{1-\frac{1}{2}} - 1 = 1$$

Eigenschaften von Funktionen

- Eine **Funktion** oder **Abbildung** $f : D \to B$ ist gegeben durch:
  - die **Definitionsmenge** D,
  - die **Bildmenge** B und

eine **Zuordnungsvorschrift** f, die jedem $x \in D$ eindeutig ein $y = f(x) \in B$ zuordnet.

- Die Elemente von D heißen **Argumente**.
- **Wertemenge** $W = \{y \in B | \exists x \in D : y = f(x)\} \subset B$
- Ist $y \in B$ einem $x \in D$ zugeordnet, so heißt y **Funktionswert** von x oder **Bild** von x (unter f): $y = f(x)$.
- x heißt **Urbild** von y.
- $G_f := \{(x; y) \in D \times B | y = f(x)\}$ heißt der **Graph** von f.

Die Definitionsmenge D gibt alle Zahlen an, die in eine Funktion eingesetzt werden dürfen. Zahlen, die nicht zur Defintionsmenge gehören, sind z. B. Zahlen, für die der Nenner eines Bruches 0 wird oder für die das Argument des Logarithmus oder einer Wurzel negativ werden.

Beispiel
Bestimmung der Definitionsmenge von $\frac{2x+1}{4x-2}$:

$$4x - 2 = 0 \Leftrightarrow x = \frac{1}{2} \qquad D = \mathbb{R} \backslash \left\{ \frac{1}{2} \right\}$$

Wollen Sie eine Funktion graphisch darstellen, so ist es am einfachsten, Sie machen sich eine Wertetabelle, d. h. Sie wählen aus dem Bereich, der Sie interessiert, verschiedene x-Werte und berechnen jeweils $f(x)$. Dann tragen Sie die Punkte $(x; f(x))$ in ein Koordinatensystem ein und verbinden sie durch eine möglichst glatte Linie.

Kombination (Hintereinanderausführung)

$$(f \circ g)(x) = f(g(x))$$

g heißt innere, f äußere Funktion.

Beispiel

$f, g : \mathbb{R} \to \mathbb{R}$, $f(x) = x^2$, $g(x) = x + 2$.

$$f \circ g(x) = (x+2)^2$$
$$g \circ f(x) = x^2 + 2$$

Die Reihenfolge der Hintereinanderausführung ist wichtig!

Inverse Funktion (Umkehrfunktion)

Kann zu jedem Funktionswert $y \in B$ genau ein Argument $x \in D$ gefunden werden, so nennt man die Funktion f^{-1}, die den Elementen von $y \in B$ eindeutig die Elemente von D zuordnet, **Umkehrfunktion**.

$$f(f^{-1}(y)) = y \quad \forall y \in f(D), \qquad f^{-1}(f(x)) = x \quad \forall x \in D$$

$$x = f^{-1}(y) \quad \Leftrightarrow \quad y = f(x)$$

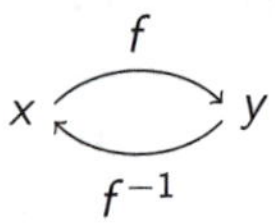

Eine Funktion ist nur umkehrbar, wenn der Graph von f mit jeder horizontalen Linie höchstens einen Schnittpunkt hat.

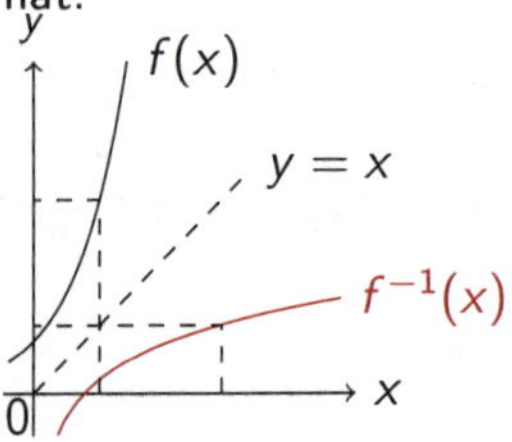

Die Umkehrfunktion liegt spiegelsymmetrisch zur Winkelhalbierenden $y = x$.

Jede streng monotone Funktion (s. S. 68) ist umkehrbar. Die Umkehrfunktion bestimmen Sie, indem Sie die Gleichung $y = f(x)$ nach x auflösen. Zum Zeichnen müssen Sie dann noch die Variablen x und y vertauschen.

Beispiel
Die Umkehrfunktion zu $f(x) = \ln(3x + 4)$ finden Sie so:

$$\begin{aligned} & y = \ln(3x+4) \\ \Leftrightarrow\quad & e^y = 3x + 4 \\ \Leftrightarrow\quad & x = \frac{e^y - 4}{3} = f^{-1}(y) \end{aligned}$$

Verschiebung und Streckung, Spiegelung

Vertikale und horizontale Verschiebung

Sei $c > 0$. Um den Graphen von

- $y = f(x) + c$ zu erhalten, verschieben Sie $f(x)$ um c nach oben;
- $y = f(x + c)$ zu erhalten, verschieben Sie $f(x)$ um c nach links.

Vertikale und horizontale Streckung und Stauchung

Sei $c > 1$. Um den Graphen von

- $y = c \cdot f(x)$ zu erhalten, strecken Sie $f(x)$ vertikal um den Faktor c;
- $y = f(c \cdot x)$ zu erhalten, stauchen Sie $f(x)$ horizontal um den Faktor c;

- $y = -f(x)$ zu erhalten, spiegeln Sie $f(x)$ an der x-Achse;
- $y = f(-x)$ zu erhalten, spiegeln Sie $f(x)$ an der y-Achse.

Eigenschaften von Funktionen

Monotonie

Eine Funktion $f : D \to \mathbb{R}$ heißt

- *monoton wachsend* (bzw. *monoton fallend*) $\Leftrightarrow \forall_{x_1,x_2 \in D} : x_1 < x_2 \Rightarrow f(x_1) \leq f(x_2)$ (bzw. $f(x_1) \geq f(x_2)$);
- *streng monoton wachsend* (bzw. *streng monoton fallend*) $\Leftrightarrow \forall_{x_1,x_2 \in D} : x_1 < x_2 \Rightarrow f(x_1) < f(x_2)$ (bzw. $f(x_1) > f(x_2)$).

Beschränktheit

Eine Funktion $f : D \to B$ mit $D, B \subseteq \mathbb{R}$ heißt

- nach oben (bzw. unten) beschränkt $\Leftrightarrow \exists M \in \mathbb{R}\, \forall x \in D : f(x) \leq M$ (bzw. $f(x) \geq M$);
- beschränkt $\Leftrightarrow f$ nach oben und unten beschränkt $\Leftrightarrow \exists M \in \mathbb{R}\, \forall x \in D : |f(x)| \leq M$;
- unbeschränkt $\Leftrightarrow \forall M \in \mathbb{R}\, \exists x \in D : |f(x)| \geq M$.

Schnittpunkte von Funktionen berechnen

Die Schnittpunkte von zwei Funktionen f und g können Sie berechnen, indem Sie die Funktionsterme $f(x)$ und $g(x)$ gleichsetzen ($f(x) = g(x)$) und die Gleichung nach x auflösen, s. S. 19 ff.

Wichtige Funktionen

Konstante und lineare Funktionen

Besonders häufig treten **lineare Funktionen**

$$y = mx + b,$$

also Polynomfunktionen vom Grad 1 (s. S. 73), auf. Dabei bezeichnet m die **Steigung**, b den **y-Achsenabschnitt**. Den **Steigungswinkel** α berechnen sie aus $m = \tan\alpha$. Ist m negativ, also $m < 0$, so fällt die zugehörige Gerade. Gilt $m = 0$, so ist die Funktion konstant. Die entsprechende Gerade ist horizontal.

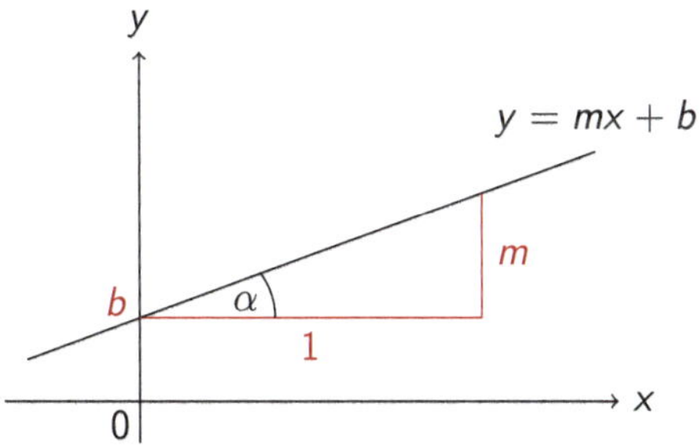

Wie zeichnen Sie nun die Gerade $y = mx + b$?
Sie beginnen im Punkt $(0; b)$ auf der y-Achse und gehen von dort eine Einheit nach rechts und m Einheiten nach oben (falls m positiv ist) bzw. nach unten (falls m negativ ist). Durch diesen Punkt und den Startpunkt $(0; b)$ zeichnen Sie die Gerade.

Besonders wichtig ist auch die Punktsteigungsform: Sind die Steigung m und ein Punkt $(x_0; y_0)$ einer Gerade gegeben, so ist die Geradengleichung:

$$y = y_0 + m(x - x_0)$$

Beispiel
Gesucht ist Gleichung der Geraden durch den Punkt $(1; 2)$ mit der Steigung -2.

$$y = 2 - 2(x - 1) = -2x + 4$$

Kennen Sie 2 Punkte $(x_1; y_1)$, $(x_2; y_2)$ einer Geraden, so ergibt sich die Steigung m aus dem Quotienten

$$m = \frac{y\text{-Unterschied}}{x\text{-Unterschied}} = \frac{\Delta y}{\Delta x} = \frac{y_2 - y_1}{x_2 - x_1}.$$

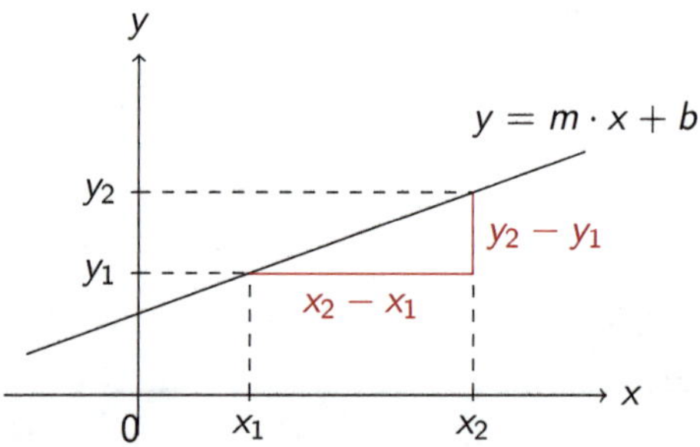

Die Gleichung einer Geraden durch 2 gegebene Punkte können Sie auch sofort durch

$$y = y_1 + m(x - x_1) = y_1 + \frac{y_2 - y_1}{x_2 - x_1}(x - x_1)$$

bestimmen.

Beispiel
Die Punkte $P_1 = (3; 10)$ und $P_2 = (5; 14)$ sind Punkte auf einer Geraden. Wie lautet die Geradengleichung?

$$y = 10 + \frac{14 - 10}{5 - 3}(x - 3) = 10 + 2(x - 3) = 2x + 4$$

Alternativ ist es auch möglich, die Punkte in die Geradengleichung einzusetzen und das entstehende lineare Gleichungssystem zu lösen:

Beispiel
Die Punkte $P_1 = (3; 10)$ und $P_2 = (5; 14)$ sind Punkte auf einer Geraden. Wie lautet die Geradengleichung?

$$\begin{aligned} y &= mx + b \\ 10 &= 3m + b \\ 14 &= 5m + b \end{aligned}$$

Subtraktion ergibt: $4 = 2m \quad \Leftrightarrow \quad m = 2 \quad \Leftrightarrow \quad b = 4$. Die gesuchte Gerade hat also die Gleichung

$$y = 2x + 4.$$

Eine Gerade der Form $y = mx + b$ hat die Nullstelle $x = -\frac{b}{m}$ für $m \neq 0$.

Quadratische Funktionen

Quadratische Funktionen oder Polynome 2. Grades haben die Form

$$y = f(x) = ax^2 + bx + c \qquad (a \neq 0)$$

Ihr Graph heißt **Parabel**. Gilt $a = 1$, so spricht man von einer **Normalparabel**.
Häufig schreibt man die Parabel in Scheitelpunktsform

$$\begin{aligned} f(x) &= ax^2 + bx + c \\ &= a\left(x + \frac{b}{2a}\right)^2 - \frac{b^2}{4a} + c \end{aligned}$$

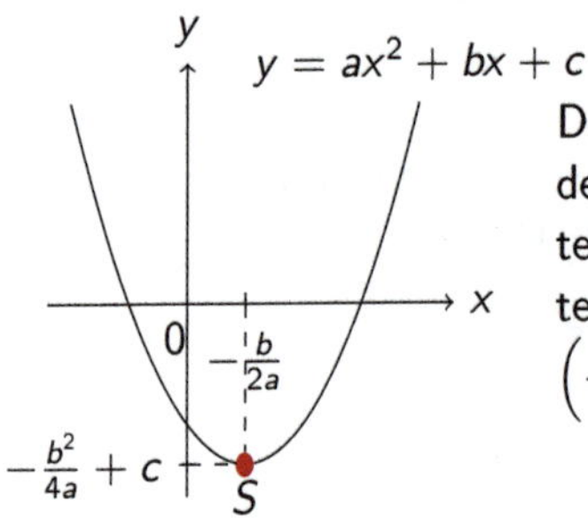

Der **Scheitelpunkt** S, also der Punkt mit dem kleinsten (für $a > 0$) bzw. größten (für $a < 0$) Wert, ist $\left(-\frac{b}{2a}; -\frac{b^2}{4a} + c\right)$.

Beispiel
Wo hat die Parabel mit der Gleichung

$$y = 2x^2 - 4x$$

ihren Scheitelpunkt?

$$a = 2, \quad b = -4, \quad c = 0 \quad \Rightarrow \text{ Scheitel } S\,(1; -2)$$

Polynome

Ein **Polynom** vom **Grad** n hat die Form

$$p(x) = a_n x^n + a_{n-1} x^{n-1} + \cdots + a_1 x + a_0$$

mit Konstanten $a_i \in \mathbb{R}$ und $a_n \neq 0$.
Ein Polynom vom Grad n kann in $\mathbb{R}$ höchstens n Nullstellen haben.
Für $n \geq 3$ lassen sich die Nullstellen eines Polynoms nicht mehr einfach bzw. gar nicht mehr durch eine Formel angeben. Um sie dennoch zu bestimmen, versuchen Sie, eine der Nullstellen, z. B. x_1, zu raten und berechnen dann durch Polynomdivision durch $(x - x_1)$ ein Polynom mit einem Grad kleiner. So reduzieren Sie sukzessive den Grad, bis Sie ein Polynom vom Grad 2 erhalten. Dessen Nullstellen können Sie mit Hilfe der Formeln auf S. 23 berechnen.

So gehen Sie bei der **Polynomdivision** von $p(x)$ durch $q(x)$ vor:

1. Sortieren Sie in den beiden Polynomen $p(x)$ und $q(x)$ die Summanden nach fallenden Potenzen von x.

2. Teilen Sie den ersten Summanden von $p(x)$ durch den ersten Summanden von $q(x)$.

3. Multiplizieren Sie das Ergebnis mit $q(x)$ und subtrahieren Sie es von $p(x)$ bzw. von dem, was von $p(x)$ noch übrig ist.

4. Wiederholen Sie Schritte 2 und 3 so lange, bis der Grad des Restes von $p(x)$ kleiner ist als der von $q(x)$.

5. Bleibt dann noch ein Rest übrig, so addieren Sie ihn dividiert durch $q(x)$ zum Ergebnis.

Beispiel
Das Polynom $p(x) = x^3 - 6x^2 + 11x - 6$ vom Grad 3 hat die Nullstelle $x = 1$. Wir dividieren deshalb durch $x - 1$:

$$
\begin{array}{l}
(x^3 \; -6x^2 + 11x - 6) : (x-1) = x^2 - 5x + 6 \\
\underline{-(x^3 \; -x^2)} \\
\quad\quad -5x^2 + 11x \\
\quad -\underline{(-5x^2 + 5x)} \\
\quad\quad\quad\quad 6x \; -6 \\
\quad\quad\quad \underline{-(6x - 6)} \\
\quad\quad\quad\quad\quad 0
\end{array}
$$

Das Ergebnis $x^2 - 5x + 6$ ist jetzt ein Polynom 2. Grades, dessen Nullstellen einfach zu bestimmen sind:

$$x^2 - 5x + 6 = 0 \quad \Leftrightarrow \quad x = 2 \vee x = 3$$

Potenz- und Wurzelfunktionen

Die Funktionen

$$f(x) = x^n, \qquad n \in \mathbb{N},$$

heißen **Potenzfunktionen**. Ihr Definitionsbereich ist $D = \mathbb{R}$.

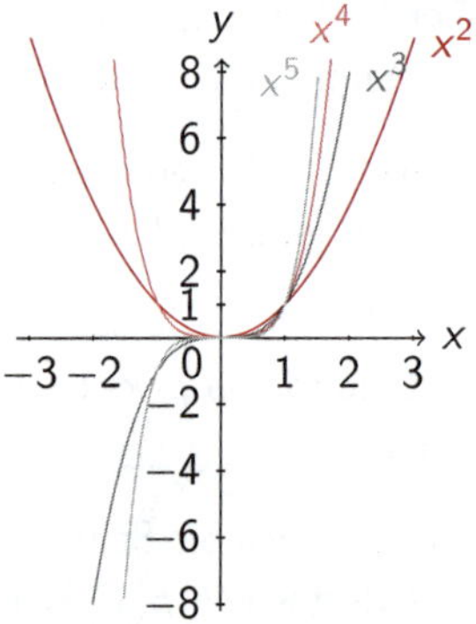

Die Funktionen $f(x) = x^{\frac{1}{n}} = \sqrt[n]{x}$ heißen **Wurzelfunktionen**. Sie sind nur für $x \geq 0$ definiert: $D = \mathbb{R}^{\geq 0}$.

Die Wurzelfunktionen sind die Umkehrfunktionen der Potenzfunktionen: Ihre Graphen ergeben sich aus denen der Potenzfunktionen durch Spiegelung an der Winkelhalbierenden $y = x$.

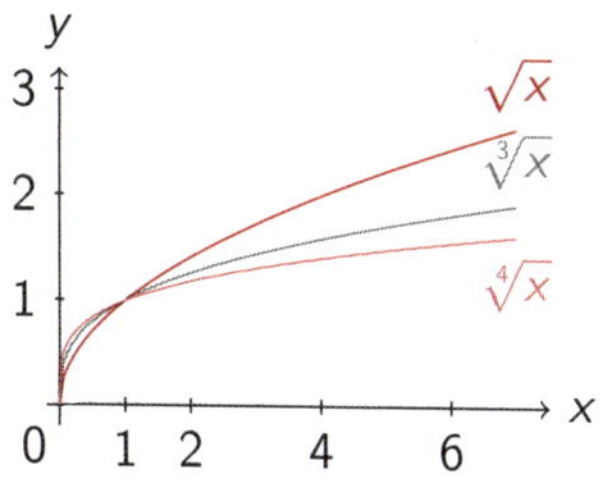

Exponentialfunktion

Die Funktion $f(x) = a^x$ mit $a > 0$ heißt (allgemeine) **Exponentialfunktion**. Ist die Basis a gleich der Euler'schen Zahl e, so spricht man von **der** Exponentialfunktion.

Die Exponentialfunktion hat keine Nullstellen, sie ist für $a > 1$ monoton wachsend, für $a < 1$ monoton fallend.

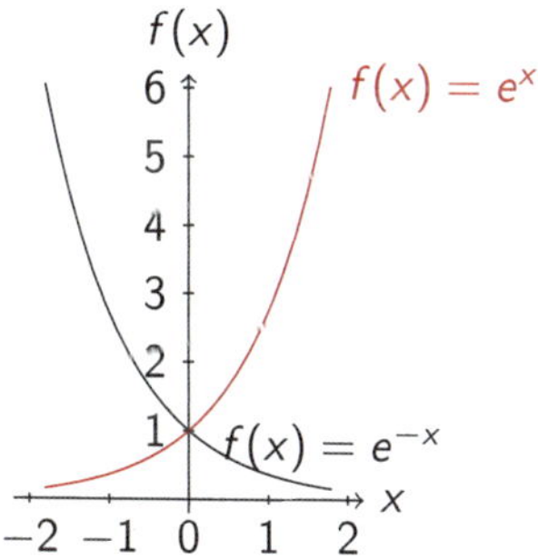

Es gilt:

$$a^x = e^{x \cdot \ln a}$$

Die Exponentialfunktion $f(x) = e^x$ wächst für $x \to \infty$ schneller als jedes Polynom.

Logarithmusfunktion

$y = a^x$ ist eine stetige und auf $\mathbb{R}$ definierte streng monotone Funktion (für $a \neq 1$). Sie hat deshalb eine Umkehrfunktion, den **Logarithmus**:

$$y = \log_a x \quad \Leftrightarrow \quad x = a^y$$

Der Wertebereich der Logarithmusfunktion ist $W = \mathbb{R}$, der Definitionsbereich $D = \mathbb{R}^+ = \mathbb{R}^{>0}$.
Die Logarithmusfunktion wächst für $x \to \infty$ langsamer als jedes Polynom.

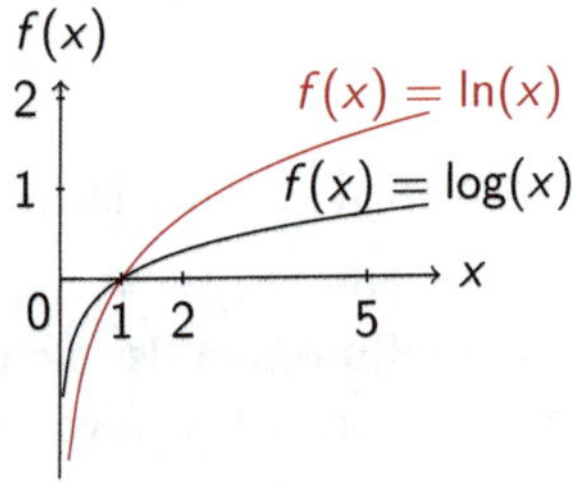

Lineare Regression

In der Praxis möchte man häufig durch eine Menge von Punkten $(x_1; y_1)$, $(x_2; y_2)$,...,$(x_n; y_n)$ eine Gerade der Form $y = mx + b$ legen, die die Punkte möglichst gut annähert.

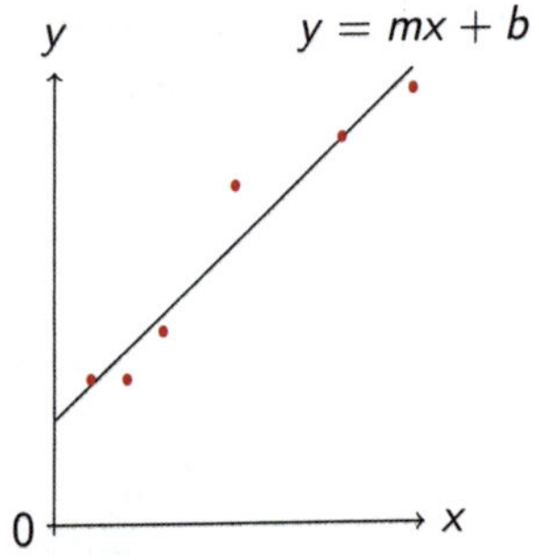

Diese sog. **Ausgleichsgerade** wird mit der Methode der kleinsten Quadrate bestimmt, also so, dass die Summe der Quadrate der Abstände zwischen Gerade und Punkten minimal ist.

Die Koeffizienten m und b der Gerade erhalten Sie als Lösung der **Normalengleichungen**:

$$m\sum_{i=1}^{n} x_i + b \cdot n = \sum_{i=1}^{n} y_i$$

$$m \cdot \sum_{i=1}^{n} x_i^2 + b \cdot \sum_{i=1}^{n} x_i = \sum_{i=1}^{n} x_i \cdot y_i$$

Beispiel

Gesucht ist eine Ausgleichsgerade durch die Punkte

$$(2;3),\ (3;4),\ (5;7),\ (8;8),\ (10;9)$$

Es gilt:

$$\sum_{i=1}^{5} x_i = 2 + 3 + 5 + 8 + 10 = 28$$

$$\sum_{i=1}^{5} y_i = 3 + 4 + 7 + 8 + 9 = 31$$

$$\sum_{i=1}^{5} x_i^2 = 2^2 + 3^2 + 5^2 + 8^2 + 10^2 = 202$$

$$\sum_{i=1}^{5} x_i y_i = 2 \cdot 3 + 3 \cdot 4 + 5 \cdot 7 + 8 \cdot 8 + 10 \cdot 9 = 207$$

Damit ergibt sich als Gleichungssystem

$$28m + 5b = 31$$

$$202m + 28b = 207,$$

das durch eine der Methoden auf den Seiten 28 ff. gelöst werden kann. Als Lösung ergibt sich $m = \frac{167}{226} \approx 0{,}739$, $b = \frac{233}{113} \approx 2{,}062$ und damit als Ausgleichsgerade

$$y = \frac{167}{226}x + \frac{233}{113}.$$

Interpolation

Wollen sie ein Polynom

$$p(x) = a_0 + a_1x + a_2x^2 + \cdots + a_{n-1}x^{n-1}$$

vom Grad $n-1$ durch n gegebene Datenpunkte $(x_i; y_i)$, $i = 1, \ldots, n$ legen, so müssen Sie das Gleichungssystem

$$\begin{aligned} y_0 &= p(x_0) = a_0 + a_1x_0 + a_2x_0^2 + \cdots + a_{n-1}x_0^{n-1} \\ &\vdots \\ y_n &= p(x_n) = a_0 + a_1x_n + a_2x_n^2 + \cdots + a_{n-1}x_n^{n-1} \end{aligned}$$

aufstellen und lösen.

Beispiel

Durch die drei Punkte $(-1; -1)$, $(0; -4)$, $(2, -4)$ können Sie ein Polynom 2. Grades der Form $p(x) = a_0 + a_1x + a_2x^2$ legen:

$$\begin{aligned} -1 &= a_0 + a_1(-1) + a_2(-1)^2 = a_0 - a_1 + a_2 \\ -4 &= a_0 + 0 \cdot a_1 + 0^2 \cdot a_2 = a_0 \qquad \Rightarrow a_0 = -4 \\ -4 &= a_0 + 2a_1 + 4a_2 \end{aligned}$$

Dieses Gleichungssystem können Sie durch eine der Methoden auf S. 30 ff. lösen. Die Lösung ist $a_0 = -4$, $a_1 = -2$, $a_2 = 1$, sodass sich als Interpolationspolynom $p(x) = x^2 - 2x - 4$ ergibt.

Analysis: Differential- und Integralrechnung

Stetigkeit

Eine Funktion heißt **stetig** in einem Punkt x_0, wenn

$$\lim_{x \to x_0} f(x) = f(x_0),$$

unabhängig davon, wie man sich dem Punkt x_0 annähert. Bei stetigen Funktionen dürfen somit der Grenzwert $\lim\limits_{x \to x_0}$ und die Funktionsauswertung f vertauscht werden:

$$f(x_0) = f\left(\lim_{x \to x_0} x\right) = \lim_{x \to x_0} f(x)$$

Anschaulich bedeutet Stetigkeit, dass Sie eine stetige Funktion zeichnen können, ohne abzusetzen.
Bei unstetigen Funktionen unterscheidet man zwischen dem linksseitigen Grenzwert

$$\lim_{x \to x_0 -} f(x) = \lim_{h \to 0} f(x_0 - h)$$

und dem rechtsseitigen Grenzwert

$$\lim_{x \to x_0 +} f(x) = \lim_{h \to 0} f(x_0 + h).$$

Ableitungen

Die **Ableitung** f' einer Funktion f an einem Punkt x_0 ist die Steigung der Tangente an diesem Punkt. Sie ist definiert als der Grenzwert der Sekantensteigungen für $h \to 0$:

$$f'(x_0) = \lim_{h \to 0} \frac{f(x_0 + h) - f(x_0)}{h}$$

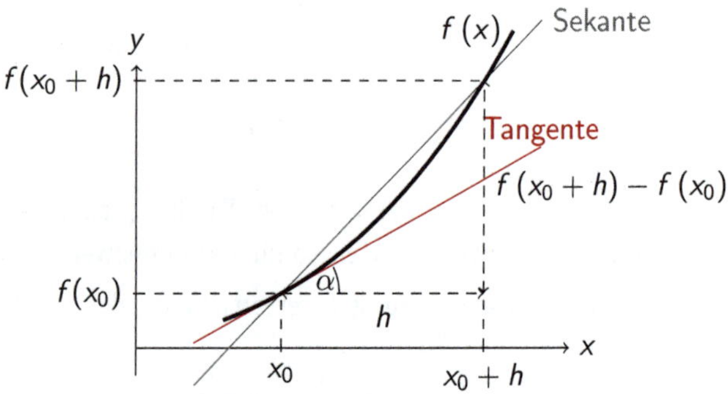

Alternativ schreibt man die Ableitung auch als

$$f'(x) = \frac{d}{dx} f(x) = \frac{df}{dx}(x).$$

Den **Steigungswinkel** α können Sie aus

$$\tan \alpha = f'(x_0)$$

berechnen.

Anwendungen in der Wirtschaft

Ableitungen spielen in der Wirtschaft im Rahmen der **Marginalanalyse** eine wichtige Rolle: Die erste Ableitung einer ökonomischen Funktion $f(x)$ wird als **Grenzfunktion** oder **Marginalfunktion** bezeichnet. Ist $f(x)$ z. B. eine Kostenfunktion, dann ist $f'(x)$ die **Grenzkostenfunktion**.

Die Grenzkostenfunktion $f'(x)$ gibt näherungsweise an, um wie viel sich die Kosten ändern, wenn sich x um Δx ändert:

$$\Delta f(x) = f(x + \Delta x) - f(x) \approx f'(x) \cdot \Delta x$$

Diese Näherung gilt nur für kleine Δx.

Die **Elastizitätsfunktion** $E_f(x)$ einer ökonomischen Größe f charakterisiert deren Anpassungsfähigkeit an veränderte Bedingungen:

$$E_f(x) = \frac{f'(x)}{f(x)} \cdot x$$

Die relative oder prozentuale Änderung in der abhängigen Größe, also $\frac{\Delta f}{f}$, erhalten Sie, wenn Sie die relative oder prozentuale Änderung von x, also $\frac{\Delta x}{x}$, mit $E_f(x)$ multiplizieren:

$$\frac{\Delta f}{f} \approx E_f(x) \cdot \frac{\Delta x}{x}$$

Auch diese Näherung ist nur für kleine Δx gültig.

Gilt nun $|E_f(x)| > 1$, so heißt die ökonomische Größe elastisch in x, für $|E_f(x)| < 1$ unelastisch.

Ableitung der Grundfunktionen

Funktion $f(x)$	Ableitung $f'(x)$
c	0
x^α	$\alpha \cdot x^{\alpha-1}$, $\alpha \neq 0$
$\sqrt{x} = x^{\frac{1}{2}}$	$\frac{1}{2\sqrt{x}}$ (Spezialfall $\alpha = \frac{1}{2}$)
$\frac{1}{x^\beta}$	$\frac{-\beta}{x^{\beta+1}}$
$\frac{1}{x}$	$-\frac{1}{x^2}$ (Spezialfall $\beta = 1$)
e^x	e^x
a^x	$\ln(a) \cdot a^x$
$\ln(x)$	$\frac{1}{x}$
$\log_a(x)$	$\frac{1}{x \cdot \ln(a)}$

Ableitungsregeln

- $(f(x) + g(x))' = f'(x) + g'(x)$

  Beispiel: $(x^2 - x^3)' = 2x - 3x^2$

- $(c \cdot f(x))' = c \cdot f'(x)$

  Beispiel: $(5x^2)' = 5 \cdot 2x = 10x$

- Polynom: $\left(\sum_{i=0}^{n} a_i \cdot x^i\right)' = \sum_{i=1}^{n} a_i \cdot i \cdot x^{i-1}$

  Beispiel: $(3x^3 - 5x^2 + x - 7)' = 9x^2 - 10x + 1$

- **Produktregel:**

$$(f(x) \cdot g(x))' = f'(x) \cdot g(x) + f(x) \cdot g'(x)$$

Beispiel: $h(x) = 2x^3 \cdot \ln(x)$,

$$h'(x) = 6x^2 \cdot \ln(x) + 2x^3 \cdot \frac{1}{x} = 6x^2 \ln(x) + 2x^2$$

- **Quotientenregel:**

$$\left(\frac{f(x)}{g(x)}\right)' = \frac{f'(x) \cdot g(x) - f(x) \cdot g'(x)}{(g(x))^2}$$

Beispiel: $h(x) = \frac{4x^2}{1-x}$

$$h'(x) = \frac{8x \cdot (1-x) - 4x^2 \cdot (-1)}{(1-x)^2} = \frac{4x(2-x)}{(1-x)^2}$$

Insbesondere gilt mit $f(x) = 1$:

$$\left(\frac{1}{g(x)}\right)' = -\frac{g'(x)}{(g(x))^2}$$

- **Kettenregel:**

$$\frac{d}{dx}(f \circ g(x)) = \frac{d}{dx} f(g(x)) = f'(g(x)) \cdot g'(x)$$

(f heißt die äußere, g die innere Funktion.)

Beispiel: $h(x) = \ln(x^4 + 6x + 5)$. $f(z) = \ln(z)$ ist die äußere, $z = g(x) = x^4 + 6x + 5$ die innere Funktion.
$\Rightarrow h'(x) = \ln'(x^4 + 6x + 5) \cdot (4x^3 + 6) = \dfrac{1}{x^4 + 6x + 5}(4x^3 + 6)$.

In die äußere Funktion muss das ursprüngliche Argument eingesetzt werden!

Monotonie

- Gilt $f'(x) \geq 0$ in $[a; b]$, so ist die Funktion f in $[a; b]$ **monoton wachsend**. Gilt $f'(x) > 0$ in $[a; b]$, so ist die Funktion f in $[a; b]$ **streng monoton wachsend**.
- Gilt $f'(x) \leq 0$ in $[a; b]$, so ist die Funktion f in $[a; b]$ **monoton fallend**. Gilt $f'(x) < 0$ in $[a; b]$, so ist die Funktion f in $[a; b]$ **streng monoton fallend**.

Kurvendiskussion

Folgende Untersuchungen gehören prinzipiell zu einer Kurvendiskussion:

- **Definitionsbereich** D bestimmen:
  Zunächst müssen Sie herausfinden, wo die Funktion evtl. nicht definiert ist: Bei gebrochen rationalen Funktionen, also Brüchen, setzen Sie dazu den Nenner $= 0$. Haben Sie es mit einem Logarithmus oder einer Wurzelfunktion zu tun, so schauen Sie, wo das jeweilige Argument < 0 wird, und schließen diese Bereiche aus dem Definitionsbereich aus.

- **Symmetrie** testen:
  - f heißt **gerade** (**achsensymmetrisch** zur y-Achse), falls $f(-x) = f(x)$ für alle $x \in D$.
  - f heißt **ungerade** (**punktsymmetrisch** zum Nullpunkt), falls $f(-x) = -f(x)$ für alle $x \in D$.
- **Stetigkeit** und **Differenzierbarkeit** prüfen:
  Probleme treten hier in der Regel nur auf, wenn es Definitionslücken gibt oder wenn die Funktion stückweise definiert, also „zusammengeklebt“ ist.
- **Nullstellen** von f, Vorzeichenbereiche von $f(x)$ prüfen:
  Die Nullstellen bestimmen Sie, indem Sie die Gleichung $f(x) = 0$ nach x auflösen, s. S. 19 ff.

Spätestens jetzt müssen Sie die **Ableitungen** f', f'', f''' berechnen, weil sie für die folgenden Untersuchungen benötigt werden.

- **Extremwerte** (Minima und Maxima) x_E ermitteln:
  Nullstellen von $f'(x)$ sind Kandidaten x_E für lokale Extrema. Sie lösen also die Gleichung $f'(x) = 0$ nach x auf. Gilt an einer solchen Stelle x_E zusätzlich
  - $f''(x_E) < 0$, dann handelt es sich um ein Maximum;
  - $f''(x_E) > 0$, dann handelt es sich um ein Minimum.

  Wollen Sie globale Extremstellen bestimmen, so müssen Sie die Funktionswerte an den Rändern des Definitionsbereichs und die Grenzwerte an Punkten, an denen

f nicht definiert ist, auch berechnen. Wenn sie kleiner bzw. größer als der Funktionswert des Minimums bzw. Maximums sind, so liegt das globale Minimum bzw. Maximum am Rand oder an den Definitionslücken.

- **Monotoniebereiche** festlegen:
  Hierzu teilen Sie den Definitionsbereich in Abschnitte auf, „in denen nichts passiert", also weder Definitionslücken noch Extremstellen liegen. Diese Bereiche sind gerade durch die Definitionslücken, Extremstellen und evtl. $\pm\infty$ begrenzt. Aus jedem Abschnitt wählen Sie sich ein x aus und bestimmen $f'(x)$.
  - Falls $f'(x) > 0$, so ist die Funktion in diesem Abschnitt **streng monoton steigend**.
  - Falls $f'(x) < 0$, so ist die Funktion in diesem Abschnitt **streng monoton fallend**.
- **Wendepunkte** x_W suchen:
  Kandidaten für Wendepunkte sind die Lösungen x_W der Gleichung $f''(x) = 0$. Gilt dann zusätzlich $f'''(x_W) \neq 0$, so ist x_W Wendepunkt.
  - Falls $f'''(x_W) < 0$, so ist x_W Wendepunkt von Links- zu Rechtskrümmung.
  - Falls $f'''(x_W) > 0$, so handelt es sich um einen Wendepunkt von Rechts- zu Linkskrümmung.
- **Konvexitätsbereiche** festlegen:
  Hierzu teilen Sie den Definitionsbereich in Abschnitte auf, in denen weder Definitionslücken noch Wende-

punkte liegen. Diese Bereiche sind durch die Definitionslücken, Wendepunkte und evtl. $\pm\infty$ begrenzt. Aus jedem Abschnitt wählen Sie ein x aus und bestimmen $f''(x)$.

- Falls $f''(x) < 0$, so ist die Funktion in diesem Abschnitt rechts gekrümmt.
- Falls $f''(x) > 0$, so ist die Funktion in diesem Abschnitt links gekrümmt.

- **Asymptoten** und Grenzwerte berechnen:
  Bestimmen Sie $\lim\limits_{x\to\pm\infty} f(x)$ und die Grenzwerte an den Definitionslücken x_U: $\lim\limits_{x\to x_U+} f(x)$ bzw. $\lim\limits_{x\to x_U-} f(x)$.

- **Wertebereich** bestimmen:
  Mit Hilfe der globalen Extremstellen können Sie jetzt den Wertebereich bestimmen: In der Regel liegt er zwischen globalem Minimum und globalem Maximum.

- **Skizze** anfertigen:
  Zunächst tragen Sie in die Skizze alle Definitionslücken, Nullstellen, Extremstellen, Wendepunkte und berechneten Grenzwerte ein. Diese Punkte werden dann so verbunden, dass das oben berechnete Monotonie- und Krümmungsverhalten widergespiegelt wird. Knicke hat eine solche Funktion in der Regel nicht!

Beispiel: $f(x) = \dfrac{3x-1}{(2x+3)^2}$

- Definitionsbereich:
  $f(x)$ ist für alle x definiert, für die der Nenner nicht 0 wird. Nullstellen des Nenners:

$$2x + 3 = 0 \Rightarrow x_U = -\frac{3}{2} \quad \Rightarrow \quad D = \mathbb{R} \setminus \left\{-\frac{3}{2}\right\}$$

- Symmetrie:
  Die Funktion ist nicht symmetrisch, da sonst auch $\frac{3}{2}$ Definitionslücke sein müsste.

- Stetigkeit und Differenzierbarkeit:
  Die Funktion ist im ganzen Definitionsbereich stetig und differenzierbar.

- Nullstellen und Vorzeichenbereiche:
  Nullstellen:

$$f(x) = 0 \quad \Leftrightarrow \quad 3x - 1 = 0 \quad \Leftrightarrow \quad x_N = \frac{1}{3}$$

Nullstelle bei $\left(\frac{1}{3}; 0\right)$.
Aufteilung in die Bereiche mit konstantem Vorzeichen:
$\left]-\infty; -\frac{3}{2}\right[$, $\quad \left]-\frac{3}{2}; \frac{1}{3}\right[$, $\quad \left]\frac{1}{3}; \infty\right[$

$$f(x) \begin{cases} < 0 & \text{für } x < -\frac{3}{2} \\ < 0 & \text{für } -\frac{3}{2} < x < \frac{1}{3} \\ > 0 & \text{für } x > \frac{1}{3} \end{cases}$$

- Ableitungen:

$$f(x) = \frac{3x-1}{(2x+3)^2}$$

$$f'(x) = \frac{(2x+3)^2 \cdot 3 - (3x-1) \cdot 4 \cdot (2x+3)}{(2x+3)^4}$$

$$= \frac{6x+9-12x+4}{(2x+3)^3} = \frac{13-6x}{(2x+3)^3}$$

$$f''(x) = \frac{(2x+3)^3(-6) - (13-6x) \cdot 6 \cdot (2x+3)^2}{(2x+3)^6}$$

$$= \frac{-12x-18-78+36x}{(2x+3)^4} = \frac{24x-96}{(2x+3)^4}$$

$$f'''(x) = \frac{24 \cdot (2x+3)^4 - (24x-96) \cdot 4 \cdot (2x+3)^3 \cdot 2}{(2x+3)^8}$$

$$= \frac{48x+72-(24x-96) \cdot 4 \cdot 2}{(2x+3)^5} = \frac{840-144x}{(2x+3)^5}$$

- Extremwerte:
  Notwendige Bedingung:

$$f'(x) = 0 \quad \Leftrightarrow \quad 13 - 6x = 0 \quad \Leftrightarrow \quad x_E = \frac{13}{6}$$

Zugehöriger y-Wert: $y = f\left(\frac{13}{6}\right) = \frac{9}{88}$.

$$f''\left(\frac{13}{6}\right) = \frac{-44}{\left(\frac{22}{3}\right)^4} < 0$$

Damit handelt es sich um ein lokales Maximum.

Monotoniebereiche: $\left]-\infty; -\frac{3}{2}\right[$, $\quad \left]-\frac{3}{2}; \frac{13}{6}\right[$, $\quad \left]\frac{13}{6}; \infty\right[$

$$f'(x) \begin{cases} < 0 & \text{für } x < -\frac{3}{2} & \text{fallend} \\ > 0 & \text{für } -\frac{3}{2} < x < \frac{13}{6} & \text{steigend} \\ < 0 & \text{für } \frac{13}{6} < x & \text{fallend} \end{cases}$$

- Wendepunkte und Krümmungsbereiche:
  Notwendige Bedingung für Wendepunkt:

$$f''(x) = 0 \quad \Leftrightarrow \quad 24x - 96 = 0 \quad \Leftrightarrow \quad x_W = 4$$

Es gilt $f'''(4) \neq 0$, $f(4) = \frac{1}{11}$. Damit ist $\left(4; \frac{1}{11}\right)$ Wendepunkt.

$$f''(x) \begin{cases} < 0 & x < -\frac{3}{2} & \text{rechtsgekrümmt} \\ < 0 & -\frac{3}{2} < x < 4 & \text{rechtsgekrümmt} \\ > 0 & 4 < x & \text{linksgekrümmt} \end{cases}$$

- Asymptoten, Grenzwerte:

  – an der Definitionslücke $x_U = -\frac{3}{2}$

$$\lim_{x \to -\frac{3}{2}+} f(x) = \lim_{h \to 0} f\left(-\frac{3}{2} + h\right) = \lim_{h \to 0} \frac{3\left(-\frac{3}{2} + h\right) - 1}{\left(2\left(-\frac{3}{2} + h\right) + 3\right)^2}$$
$$= \lim_{h \to 0} \frac{-\frac{11}{2} + 3h}{4h^2} = -\infty$$

da der Zähler < 0 ist und der Nenner gegen 0 geht, aber immer positiv ist.

$$\lim_{x \to -\frac{3}{2}-} f(x) = \lim_{h \to 0} f\left(-\frac{3}{2} - h\right) = \lim_{h \to 0} \frac{3\left(-\frac{3}{2} - h\right) - 1}{\left(2\left(-\frac{3}{2} - h\right) + 3\right)^2}$$
$$= \lim_{h \to 0} \frac{-\frac{11}{2} - 3h}{4h^2} = -\infty$$

$x = -\frac{3}{2}$ ist also senkrechte Asymptote, es liegt dort eine Polstelle ohne Vorzeichenwechsel vor.

  – $\lim_{x \to \infty} f(x) = \lim_{x \to -\infty} f(x) = 0$, da der Nennergrad größer als der Zählergrad ist.
  Also ist die x-Achse waagerechte Asymptote.

- Wertebereich:

$$W = \left\{ y | y \leq \frac{9}{88} \right\}$$

- Skizze:

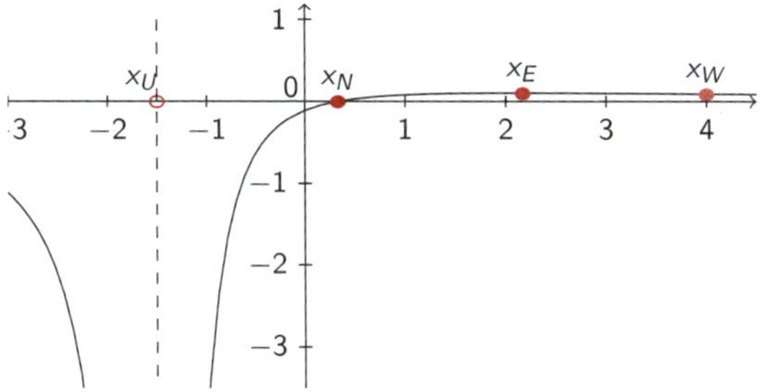

Optimierung, Extremwertprobleme

In wirtschaftlichen Zusammenhängen geht es oft um optimales Handeln: Der Gewinn soll maximiert oder die Kosten minimiert werden. Mathematisch entspricht dies einem **Extremwertproblem**.

Eindimensionale Optimierung

Wollen Sie eine Funktion minimieren oder maximieren, so bestimmen Sie zunächst die Kandidaten für Extremstellen, indem Sie die Gleichung $f'(x) = 0$ nach x auflösen. Diese Werte x_E setzen Sie in die 2. Ableitung ein.

- Gilt $f''(x_E) < 0$, so liegt bei x_E ein lokales Maximum.
- Gilt $f''(x_E) > 0$, so liegt bei x_E ein lokales Minimum.

Gilt jedoch $f''(x_E) = 0$, so ist mit dem obigen Satz keine Aussage möglich, ob ein Extremum vorliegt. Weiter hilft dann die folgende Aussage:

Gilt für gerades $n \geq 2$

$$\begin{aligned} f'(x_E) = f''(x_E) = \cdots = f^{(n-1)}(x_E) &= 0 \\ f^{(n)}(x_E) &\neq 0, \end{aligned}$$

dann hat die Funktion f in x_E ein lokales Minimum, falls $f^{(n)}(x_E) > 0$ bzw. ein lokales Maximum, falls $f^{(n)}(x_E) < 0$. Falls n ungerade ist, liegt kein Extremum vor.

Es kann mehrere solcher lokalen Extrema geben. Globale Extrema, also das Minimum oder Maximum im gesamten Definitionsbereich, finden Sie so evtl. aber nicht: Globale Extrema können auch am Rand des Definitionsbereichs liegen oder dort, wo die Funktion nicht differenzierbar ist. Deshalb müssen Sie an diesen Stellen die Funktion zusätzlich auswerten und diesen Wert mit $f(x_E)$ vergleichen.

Beispiel

Untersuchen Sie die Funktion $f(x) = 12x^5 - 45x^4 + 40x^3 + 5$ im Bereich $[-0{,}5; 2{,}4]$ auf Extremstellen.

$$\begin{aligned} f'(x) &= 60x^4 - 180x^3 + 120x^2 \\ &= 60x^2(x^2 - 3x + 2) \\ &= 60x^2(x-1)(x-2) \\ f'(x) &= 0 \Leftrightarrow \quad x_1 = 0, \quad x_2 = 1, \quad x_3 = 2 \\ f''(x) &= 60(4x^3 - 9x^2 + 4x) \end{aligned}$$

$$\begin{aligned} \text{1.)} \qquad f''(x_1) &= f''(0) = 0 \\ f'''(x) &= 60(12x^2 - 18x + 4) \\ \Rightarrow f'''(0) &= 240 \neq 0 \\ \Rightarrow x_1 = 0 &\text{ ist kein Extremum} \end{aligned}$$

2) $f''(x_2) = f''(1) = -60 < 0$

$\Rightarrow x_2 = 1$ ist lokales Maximum : $f(1) = 12$

3.) $f''(x_3) = f''(2) = 240 > 0$

$\Rightarrow x_3 = 2$ ist lokales Minimum : $f(2) = -11$

Wegen $f(-0{,}5) = -3{,}1875 > -11$ ist der linke Intervallrand kein globales Minimum. Das globale Minimum ist also $(2; -11)$. Wegen $f(2{,}4) = 20{,}4829 > 12$, liegt das globale Maximum am rechten Intervallrand in $(2{,}4; 20{,}4824)$.

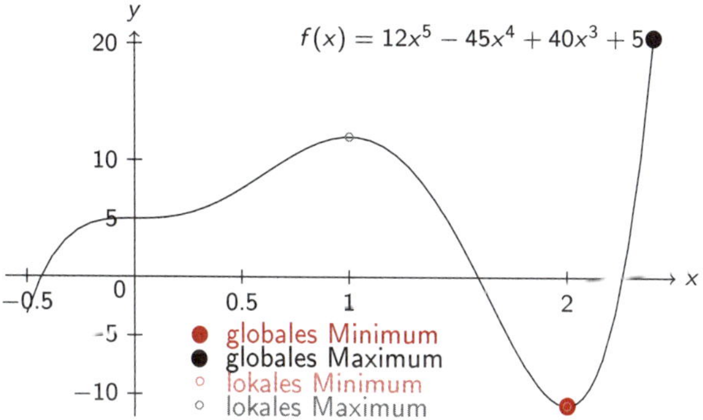

Beispiel

Ermitteln Sie die optimale Bestellmenge x_{opt}: Gesucht ist die optimale Bestellmenge x für jede Einzelbestellung, wenn die folgenden Größen bekannt sind:

- B Gesamtbedarf im geg. Zeitraum von T Tagen
- A fixe Kosten pro Lieferung
- S Stückkosten
- L Lagerkosten pro Tag

Die Anzahl n der Lieferungen in T Tagen ist dann $n = \frac{B}{x}$.
Wenn pro Lieferung x Stück geliefert werden, so betragen die Lieferkosten pro Stück $K_{\text{Liefer}}(x) = \dfrac{A}{x}$.

Die Zeit zwischen zwei Lieferungen ist $\dfrac{T}{n} = \dfrac{T}{B}x$. Wir nehmen an, dass der Lagerbestand gleichmäßig abnimmt, sodass die durchschnittliche Lagerdauer die halbe Zeit zwischen zwei Lieferungen ist: $\frac{1}{2}\frac{T}{n} = \frac{1}{2}\frac{T}{B}x$. Um die durchschnittlichen Lagerkosten pro Stück zu erhalten, müssen Sie dies mit den Lagerkosten L pro Tag multiplizieren: $K_{\text{Lager}}(x) = \frac{1}{2}\frac{T \cdot L}{B}x$. Die Gesamtkosten G hängen von der Bestellmenge ab und ergeben sich als Summe der Lager-, Liefer- und Stückkosten:

$$G(x) = \frac{1}{2}\frac{T \cdot L}{B}x + \frac{A}{x} + S$$

Die optimale Bestellmenge x_{opt} ergibt sich durch Minimierung dieser Funktion. Dazu bestimmen Sie die Ableitung $G'(x)$, setzen sie gleich 0 und lösen nach x auf:

$$
\begin{aligned}
G'(x) &= \frac{1}{2}\frac{T \cdot L}{B} - \frac{A}{x^2} \\
G'(x) &= 0 = \frac{1}{2}\frac{T \cdot L}{B} - \frac{A}{x^2} \\
\Leftrightarrow \quad \frac{A}{x^2} &= \frac{T \cdot L}{2B} \\
\Leftrightarrow \quad T \cdot L \cdot x^2 &= 2 \cdot B \cdot A \\
\Leftrightarrow \quad x^2 &= \frac{2 \cdot B \cdot A}{T \cdot L} \\
\Longrightarrow x_{\text{opt}} &= \sqrt{\frac{2 \cdot B \cdot A}{T \cdot L}}
\end{aligned}
$$

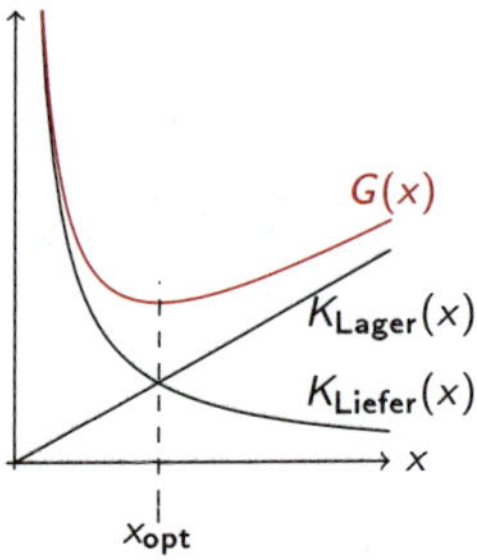

Mehrdimensionale Optimierung

Hängt die Funktion $f(x_1, x_2, \ldots, x_n)$, deren Optimum Sie finden wollen, von mehreren Variablen ab, so benötigen Sie die mehrdimensionale Differentialrechnung.

Optimierung ohne Nebenbedingungen

Analog zum eindimensionalen Fall muss an einem Optimum wieder die Ableitung, die im mehrdimensionalen jedoch **Gradient** heißt, gleich 0 sein. Der Gradient $\nabla f(x)$ ist der Vektor der **partiellen Ableitungen**:

$$\nabla f(x) = \begin{pmatrix} \frac{\partial f}{\partial x_1} \\ \frac{\partial f}{\partial x_2} \\ \vdots \\ \frac{\partial f}{\partial x_n} \end{pmatrix} = \vec{0}$$

Die partielle Ableitung $\frac{\partial f}{\partial x_i}$ nach einer Variable x_i bilden Sie, indem Sie so tun, als ob alle anderen Variablen Konstanten wären und nur die Variable x_i eine Variable. Dann leiten Sie die Funktion nur nach dieser Variablen ab.

Beispiel

Eine Firma produziert für 2 verschiedene Märkte ein Produkt. Die Preisabsatzfunktionen, die den Stückpreis p_i in Abhängigkeit von der angebotenen Stückzahl x_i auf Markt i angeben, sind

$$p_1(x_1) = 100 - 2x_1$$
$$p_2(x_2) = 60 - x_2.$$

Die Produktionskosten k hängen von der insgesamt produzierten Stückzahl $z = x_1 + x_2$ ab:

$$k(z) = z^2$$

Wie viel soll für jeden Teilmarkt produziert werden, wenn der Gewinn maximal werden soll?
Der Gewinn ist

$$\begin{aligned} G(x_1, x_2) &= x_1 \cdot p_1(x_1) + x_2 \cdot p_2(x_2) - k(x_1 + x_2) \\ &= x_1(100 - 2x_1) + x_2(60 - x_2) - (x_1 + x_2)^2 \\ &= 100x_1 - 3x_1^2 + 60x_2 - 2x_1x_2 - 2x_2^2. \end{aligned}$$

Damit ist der Gradient

$$\nabla G(x_1, x_2) = \begin{pmatrix} 100 - 6x_1 - 2x_2 \\ 60 - 2x_1 - 4x_2 \end{pmatrix}.$$

Nullsetzen des Gradienten führt auf:

$$\begin{aligned} \begin{pmatrix} 100 - 6x_1 - 2x_2 \\ 60 - 2x_1 - 4x_2 \end{pmatrix} &= \vec{0} \\ \Leftrightarrow 6x_1 + 2x_2 &= 100 \\ 2x_1 + 4x_2 &= 60 \end{aligned}$$

Multiplikation der ersten Gleichung mit 2 und anschließende Subtraktion der 2. Gleichung führt auf

$$10x_1 = 140 \quad \Leftrightarrow \quad x_1 = 14$$

Der zugehörige x_2-Wert ist dann $x_2 = 8$.

Optimierung mit Nebenbedingungen

Haben Sie nicht nur $f(x)$ zu minimieren, sondern auch noch **Nebenbedingungen** der Form $g(x) = 0$ einzuhalten, also

$$\begin{aligned} \min f(x) \\ g(x) = 0 \end{aligned}$$

zu lösen, so setzen Sie den Gradienten der **Lagrange-Funktion** $L(x, \lambda) = f(x) + \lambda \cdot g(x)$ gleich 0

$$\nabla_{(x,\lambda)} L(x, \lambda) = 0$$

und lösen dies nach x und evtl. nach dem Lagrange-Parameter λ auf. Die Schreibweise $\nabla_{(x,\lambda)} L(x, \lambda)$ bedeutet, dass die Lagrange-Funktion nach allen Komponenten von $x = (x_1, x_2, \dots, x_n)$ und nach λ partiell abgeleitet wird.

Sind Nebenbedingungen vorhanden, so erhalten Sie i. A. eine falsche Lösung, wenn Sie $\nabla f(x) = 0$ (statt $\nabla_{(x,\lambda)} L(x,\lambda) = 0$) lösen.

Beispiel

In unserem obigen Beispiel soll als Nebenbedingung noch gelten, dass die Kosten 400 sein sollen:

$$\begin{aligned} \min G(x_1, x_2) &= 100x_1 - 3x_1^2 + 60x_2 - 2x_1x_2 - 2x_2^2 \\ g(x_1, x_2) &= (x_1 + x_2)^2 - 400 = 0 \end{aligned}$$

Die Lagrange-Funktion ist

$$\begin{aligned} L(x_1, x_2, \lambda) &= G(x_1, x_2) + \lambda g(x_1, x_2) \\ &= 100x_1 - 3x_1^2 + 60x_2 - 2x_1x_2 - 2x_2^2 \\ &\qquad + \lambda\left((x_1 + x_2)^2 - 400\right), \end{aligned}$$

und ihr Gradient ist

$$\nabla_{(x_1, x_2, \lambda)} L(x_1, x_2, \lambda) = \begin{pmatrix} 100 - 6x_1 - 2x_2 + \lambda \cdot 2(x_1 + x_2) \\ 60 - 2x_1 - 4x_2 + \lambda \cdot 2(x_1 + x_2) \\ (x_1 + x_2)^2 - 400 \end{pmatrix} = 0.$$

Subtraktion der beiden ersten Gleichungen eliminiert die Variable λ:

$$40 - 4x_1 + 2x_2 = 0 \quad \Leftrightarrow \quad x_2 = 2x_1 - 20$$

Einsetzen in die dritte Gleichung liefert dann:

$$(x_1 + 2x_1 - 20)^2 = 400 = 20^2 \Leftrightarrow 3x_1 - 20 = 20 \Leftrightarrow x_1 = \frac{40}{3}$$

$$x_2 = 2 \cdot \frac{40}{3} - 20 = \frac{20}{3}$$

Begriffe der Integration

Die Integration dient der Flächenberechnung. In Anwendungen wird sie darüber hinaus auch als Verallgemeinerung der Summation benutzt.

- Eine Funktion $F(x)$ heißt **Stammfunktion** der Funktion $f(x)$, wenn ihre Ableitung gleich $f(x)$ ist: $F'(x) = f(x)$.
- Die Menge aller Stammfunktionen wird mit $\int f(x)\, dx$ bezeichnet und heißt auch **unbestimmtes Integral**.
- Die (evtl. mit Vorzeichen behaftete) Fläche zwischen der Kurve $f(x)$ und der x-Achse zwischen $x = a$ und $x = b$ ist das **bestimmte Integral** $\int_a^b f(x)\, dx$.

Hauptsatz der Differential- und Integralrechnung

Der Hauptsatz der Differential- und Integralrechnung besagt, dass die Integralrechnung die Umkehrung der Differentialrechnung ist: Wollen Sie das Integral $\int_a^b f(x)\,\mathrm{d}x$ bestimmen, so berechnen Sie zunächst eine **Stammfunktion** $F(x)$ von $f(x)$ und setzen die Grenzen b und a ein:

$$\int_a^b f(x)\,\mathrm{d}x = [F(x)]_a^b = F(b) - F(a)$$

Stammfunktionen

Funktion $f(x) = F'(x)$	Stammfunktion $F(x)$
0	c
c	$c \cdot x$
x^α	$\frac{1}{\alpha+1} x^{\alpha+1}$ für $\alpha \neq -1$
$\frac{1}{x}$	$\ln\|x\|$ für $x \neq 0$
$\frac{1}{ax+b}$	$\frac{1}{a} \ln(\|ax+b\|)$ für $x \neq -\frac{b}{a}$
e^x	e^x
a^x	$\frac{1}{\ln(a)} a^x$ für $a > 0$, $a \neq 1$
$\ln(x)$	$x \cdot (\ln(x) - 1)$

Integrationsregeln

Integrationsregeln erleichtern das Rechnen mit Integralen. Die Regeln gelten analog für unbestimmte Integrale.

$$\int_a^b (\alpha \cdot f(x) + \beta \cdot g(x))\,\mathrm{d}x = \alpha \int_a^b f(x)\,\mathrm{d}x + \beta \int_a^b g(x)\,\mathrm{d}x$$

$$\int_a^b f(x)\,\mathrm{d}x + \int_b^c f(x)\,\mathrm{d}x = \int_a^c f(x)\,\mathrm{d}x$$

$$\int_a^a f(x)\,\mathrm{d}x = 0$$

$$\int_a^b f(x)\,dx = -\int_b^a f(x)\,dx$$

$$f(x) \leq g(x) \Rightarrow \int_a^b f(x)\,dx \leq \int_a^b g(x)\,dx$$

$$m \leq f(x) \leq M$$
$$\Rightarrow m(b-a) \leq \int_a^b f(x)\,dx \leq M(b-a)$$

Partielle Integration

$$\int u(x)\cdot v'(x)\,dx = u(x)v(x) - \int u'(x)\cdot v(x)\,dx$$

$$\int_a^b u(x)\cdot v'(x)\,dx = [u(x)\cdot v(x)]_a^b - \int_a^b u'(x)\cdot v(x)\,dx$$

Die Formel ist nützlich, wenn $\int u'(x)\cdot v(x)\,dx$ leichter zu integrieren ist als $\int u(x)\cdot v'(x)\,dx$.

Beispiel

$$\int x\cdot \ln x\,dx$$

Wählen Sie $u(x) = \ln x, \quad v'(x) = x.$

Dann gilt $u'(x) = \frac{1}{x}, \quad v(x) = \frac{1}{2}x^2.$

$$\begin{aligned}\int x\ln x\,dx &= \frac{1}{2}x^2\ln x - \int \frac{1}{x}\cdot\frac{1}{2}x^2\,dx\\ &= \frac{1}{2}x^2\ln x + \int \frac{1}{2}x\,dx + c\\ &= \frac{1}{2}x^2\ln x + \frac{x^2}{4} + c\end{aligned}$$

Die umgekehrte Wahl von u bzw. v, also $u(x) = x$, $v'(x) = \ln x$, ist nicht falsch im mathematischen Sinn, führt aber nicht zum Ziel, weil das entstehende Integral schwieriger zu integrieren ist als das ursprüngliche.

Als $v'(x)$ sollten Sie eine Funktion wählen, deren Stammfunktion Sie kennen.

Substitution

$$\int f(g(x)) \cdot g'(x)\,\mathrm{d}x = \int f(u)\,\mathrm{d}u$$

$$\int_a^b f(g(x)) \cdot g'(x)\,\mathrm{d}x = \int_{g(a)}^{g(b)} f(u)\,\mathrm{d}u$$

Die Formeln wenden Sie am einfachsten so an:

1. Festlegen einer Substitution:

$$u = g(x), \quad u' = \frac{du}{dx} = g'(x), \quad du = g'(x)\,\mathrm{d}x$$

2. Auflösen nach $\mathrm{d}x$:

$$\mathrm{d}x = \frac{du}{g'(x)}$$

3. Einsetzen in das zu lösende Integral. Das neue Integral darf die alte Variable x nicht mehr enthalten.
4. Berechnen des neuen Integrals
5. Rücksubstitution: für u wieder $g(x)$ einsetzen.

Beispiel: $\int x \ln(x^2)\,\mathrm{d}x$. Mit $u = x^2$ gilt

$$\frac{du}{dx} = 2x \Leftrightarrow \mathrm{d}x = \frac{du}{2x}$$

$$\int x \ln(x^2)\,\mathrm{d}x = \int x \ln(u) \frac{du}{2x} = \frac{1}{2} \int \ln(u)\,\mathrm{d}u$$

$$= \frac{1}{2} u(\ln(u) - 1) + c = \frac{1}{2} x^2(\ln(x^2) - 1) + c$$

Haben Sie bestimmte Integrale zu berechnen, so müssen Sie bei der Substitution auch die Grenzen ersetzen.

Beispiel

$$\int_1^2 x \ln(x^2)\,\mathrm{d}x$$

x läuft hier von 1 bis 2, $u = x^2$ also von $1^2 = 1$ bis $2^2 = 4$:

$$\frac{du}{dx} = 2x \Leftrightarrow \mathrm{d}x = \frac{du}{2x}$$

$$\int_1^2 x \ln(x^2)\,\mathrm{d}x = \int_1^4 x \ln(u) \frac{du}{2x} = \frac{1}{2} \int_1^4 \ln(u)\,\mathrm{d}u$$

$$= \frac{1}{2} \left[u(\ln(u) - 1)\right]_{u=1}^{u=4}$$

$$= \frac{1}{2} \left(4(\ln(4) - 1) - 1\right) \approx 1{,}2726$$

Wie erkenne ich, welche Integrationsmethode ich anwenden muss?

Ein Sprichwort unter Mathematikern besagt, dass Differenzieren ein Handwerk ist, Integrieren aber eine Kunst. Das bedeutet, dass Sie unter Beachtung der Regeln differenzieren können, dass aber die Integration nicht immer

einfach „geradeaus“ durchführbar ist. Dies liegt unter anderem daran, dass häufig am Anfang nicht klar ist, wie man zum Ziel, d. h. zur Berechnung des Integrals kommt, – es kann sogar sein, dass ein Integral nicht als Formel zu berechnen ist.
Die Substitution ist z. B. immer dann anwendbar, wenn ein Integral eine Funktion und ihre Ableitung enthält. Substituieren Sie dann diese Funktion.

Flächenbestimmung

- Ist $f(x) \geq 0$, so ist

$$A = \int_a^b f(x)\,\mathrm{d}x$$

der Flächeninhalt zwischen Kurve und x-Achse.

- Verläuft die Kurve ganz unterhalb der x-Achse, dann können Sie durch Spiegelung der Funktion an der x-Achse den Flächeninhalt berechnen:

$$A = \int_a^b -f(x)\,\mathrm{d}x = -\int_a^b f(x)\,\mathrm{d}x$$

- Begrenzt f ein Flächenstück, das mal ober- und mal unterhalb der x-Achse liegt (s. S. 104), dann ist $\int_a^b f(x)\,\mathrm{d}x = -A_1 + A_2$ die Summe von mit Vorzeichen versehenen Flächeninhalten. Der Punkt c ist die Nullstelle von $f(x)$: Bestimmen Sie also zunächst durch Lösen von $f(x) = 0$ die Nullstelle(n).

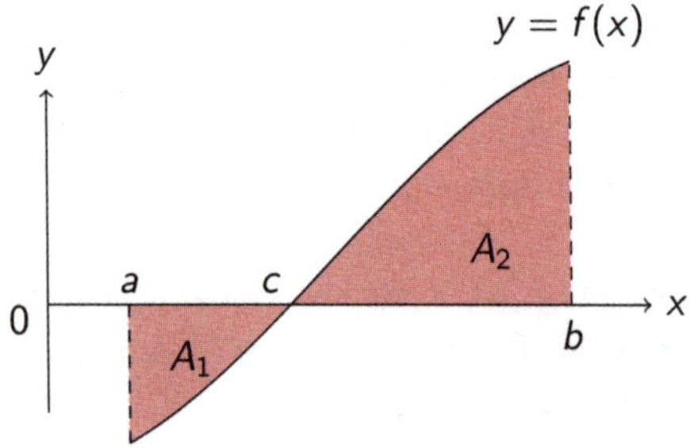

Dann gilt:

$$A = -\int_a^c f(x)\,\mathrm{d}x + \int_c^b f(x)\,\mathrm{d}x$$

Fläche zwischen zwei Funktionsgraphen

So gehen Sie vor:

1. Bestimmen Sie die Schnittpunkte x_i zwischen f und g durch Gleichsetzen der Funktionsterme:

$$f(x) = g(x)$$

2. Stellen Sie fest, welche Funktion oberhalb liegt.
3. Integrieren Sie in jedem Teilintervall $[x_i; x_{i+1}]$ die Differenz zwischen der größeren und der kleineren der beiden Funktionen.
4. Falls es mehrere Teilintervalle gibt, addieren Sie die einzelnen Werte.

Beispiel
Gesucht ist die Fläche zwischen den Funktionen $f(x) = x$ und $g(x) = \frac{1}{2}x^2 - 4$.

1. Schnittpunkte durch Gleichsetzen der Funktionen bestimmen:

$$x = \frac{1}{2}x^2 - 4 \Leftrightarrow \frac{1}{2}x^2 - x - 4 = 0 \Leftrightarrow x = -2 \text{ oder } x = 4$$

2. Wegen $f(0) = 0 > -4 = g(0)$ gilt zwischen den Schnittpunkten, also in $[-2; 4]$: $f(x) \geq g(x)$.

3.

$$A = \int_{-2}^{4} x - \left(\frac{1}{2}x^2 - 4\right) \mathrm{d}x$$
$$= \left[\frac{1}{2}x^2 - \frac{1}{6}x^3 + 4x\right]_{-2}^{4} = \frac{40}{3} - \left(-\frac{14}{3}\right) = 18$$

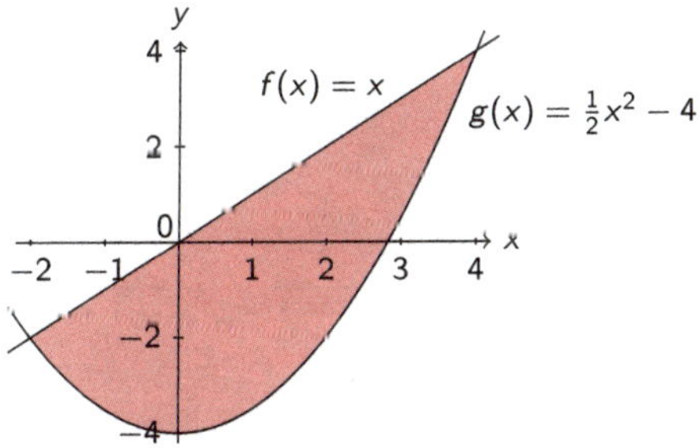

Numerische Integration

Häufig können Integrale nicht per Hand berechnet werden. In diesem Fall bleibt Ihnen nur eine näherungsweise Berechnung durch numerische Integration.

Dazu unterteilen Sie das Intervall in n gleich große Teilintervalle der Breite $h = x_{i+1} - x_i = \frac{b-a}{n}$

$$a = x_0 < x_1 < \cdots < x_n = b, \quad x_i = a + i \cdot h$$

und wenden eine der folgenden Regeln an.

- **Trapezregel**

$$\int_a^b f(x)\,\mathrm{d}x \approx h\left(\frac{1}{2}f(a) + f(x_1) + \ldots f(x_{n-1}) + \frac{1}{2}f(b)\right)$$

- **Simpsonregel** (nur für gerade n möglich)

$$\int_a^b f(x)\,\mathrm{d}x \approx \frac{h}{3}(f(a) + 4f(a+h) + 2f(a+2h) + \cdots + 2f(b-2h) + 4f(b-h) + f(b))$$

Im Allgemeinen ist die Simpsonregel genauer als die Trapezregel.

Beispiel

$$\int_1^4 \sqrt{x^2+1}\,\mathrm{d}x$$

Trapezregel mit $n = 3 \Rightarrow h = \frac{4-1}{3} = 1$:

$$\int_1^4 \sqrt{x^2+1}\,\mathrm{d}x \approx 1 \cdot \left(\frac{1}{2}\sqrt{1^2+1} + \sqrt{2^2+1} + \sqrt{3^2+1} + \frac{1}{2}\sqrt{4^2+1}\right) \approx 8{,}167$$

Simpsonregel: $n = 4 \Rightarrow h = \frac{3}{4} = 0,75$

$$\int_1^4 \sqrt{x^2+1}\,\mathrm{d}x \approx \frac{\frac{3}{4}}{3}\left(\sqrt{1^2+1} + 4\sqrt{1{,}75^2+1} + 2\sqrt{2{,}5^2+1} + 4\sqrt{3{,}25^2+1} + \sqrt{4^2+1}\right) \approx 8{,}147$$

Stochastik

Die Stochastik, also das gesamte Gebiet der Wahrscheinlichkeitsrechnung und Statistik, beschäftigt sich hauptsächlich mit der Erfassung und Beschreibung von Massenerscheinungen.

Kombinatorik

Mit der Lösung von Problemen der Wahrscheinlichkeitsrechnung in Mengen, die nur endlich viele Elemente enthalten, beschäftigt sich die Kombinatorik. Um die richtige Formel auswählen zu können, sollten Sie sich zunächst über die folgenden Fragen klar werden:

- Spielt die Reihenfolge eine Rolle?
- Kommen Wiederholungen vor?

Nach Klärung dieser Fragen können Sie die Anzahl der Möglichkeiten beim Ziehen aus einer Menge mit n Elementen der folgenden Tabelle entnehmen:

	mit Wiederholungen	ohne Wiederholungen
mit Beachtung der Reihenfolge (Tupel)	n^k	$\frac{n!}{(n-k)!}$
ohne Beachtung der Reihenfolge (Mengen)	$\binom{n+k-1}{k}$	$\binom{n}{k}$

Die Berechnung der auftretenden **Binomialkoeffizienten** erfolgt dabei mit der Formel

$$\binom{n}{k} = \frac{n!}{k! \cdot (n-k)!}$$

oder mit den auf S. 12 ff. vorgestellten Methoden.

Beispiel

In einer Urne sind die Kugeln von 1 bis 10 nummeriert. Zieht man 3 Kugeln, ohne sie wieder zurückzulegen, und notiert sich die Reihenfolge der Kugeln, so gibt es $\frac{10!}{(10-3)!} = 10 \cdot 8 \cdot 9 = 720$ mögliche Ergebnisse. Legt man die Kugeln wieder zurück, so gibt es $10^3 = 1000$ mögliche Ausgänge. Ist die Reihenfolge, wie beim Lotto, uninteressant, so gibt es ohne Zurücklegen $\binom{10}{3} = 120$, mit Zurücklegen $\binom{10+3-1}{3} = 220$ Möglichkeiten.

Zieht man ohne Zurücklegen genauso oft, wie Elemente vorhanden sind, so erhält man mit dem Spezialfall $k = n$ die Anzahl der **Permutationen** durch die Fakultät:

$$n! = n \cdot (n-1) \cdot (n-2) \cdots 2 \cdot 1 = n \cdot (n-1)!$$

Zusätzlich gilt $0! = 1$.

Beispiel

Zur Menge $\{a,b,c\}$ gibt es folgende mögliche Permutationen: *abc*, *acb*, *bac*, *bca*, *cab*, *cba*, also insgesamt $6 = 3!$ Stück.

Haben Sie mehrere identische Elemente und tritt jedes genau k_i-mal auf, $k_1 + k_2 + \cdots + k_n = k$, so gibt es $\frac{k!}{k_1! k_2! \ldots k_n!}$ mögliche Anordnungen der Elemente bei Berücksichtigung der Reihenfolge.

Beschreibende Statistik

Bei einer Auswertung komme die Zahl x_i genau n_i-mal vor. Dann berechnen Sie den **Mittelwert** (arithmetisches Mittel) als

$$\begin{aligned}\overline{x} = \mu_x &= \frac{1}{n} \cdot (n_1 \cdot x_1 + n_2 \cdot x_2 + \cdots + n_k \cdot x_k) \\ &= \frac{1}{n} \sum_{i=1}^{k} n_i \cdot x_i = \frac{1}{n} \cdot \sum_{i=1}^{n} x_i .\end{aligned}$$

Dabei ist $n = \sum_{i=1}^{k} n_i$ die Gesamtzahl der Daten.
Den Mittelwert dürfen Sie nicht mit dem **Median** oder **Zentralwert** verwechseln: Ordnen Sie die gegebenen Daten der Größe nach, dann ist der Median der Wert, der genau in der Mitte der Liste steht, bzw. bei einer geraden Anzahl von Daten das arithmetische Mittel zwischen den beiden mittleren Werten.

Beispiel

Daten: 2; 3; 4; 6; 10

Mittelwert: $\bar{x} = \frac{1}{5}(2 + 3 + 4 + 6 + 10) = 5$, Median: 4.

Die **Varianz** oder mittlere quadratische Abweichung σ^2 wird durch

$$\sigma^2 = \frac{1}{n-1} \sum_{i=1}^{n} (x_i - \overline{x})^2 = \frac{1}{n-1} \sum_{i=1}^{k} n_i \cdot (x - x_i)^2$$

berechnet. Die **Standardabweichung** σ ist die Wurzel aus der Varianz:

$$\sigma = \sqrt{\sigma^2}$$

Varianz und Standardabweichung sind Streuungsmaße, also Maße für den Abstand der Daten vom Mittelwert.

Beispiel

Für unsere obigen Daten 2; 3; 4; 6; 10 mit Mittelwert 5 sind Varianz und Standardabweichung:

$$\begin{aligned}\sigma^2 &= \frac{1}{4}\left((2-5)^2+(3-5)^2+(4-5)^2+(6-5)^2+(10-5)^2\right)\\ &= 10 \qquad \Rightarrow \qquad \sigma = \sqrt{10} \approx 3{,}16\end{aligned}$$

Rechnen mit Wahrscheinlichkeiten

Mit $P(A)$ bezeichnet man die Wahrscheinlichkeit für das Eintreten des Ereignisses A. Das Ereignis wird dabei als Menge aufgefasst.

Wahrscheinlichkeiten werden mit Zahlen zwischen 0 und 1 angegeben:

$$0 \leq P(A) \leq 1$$

Ein Ereignis mit Wahrscheinlichkeit 0 wird als unmöglich, eines mit Wahrscheinlichkeit 1 als sicher interpretiert.

Bei einem Zufallsexperiment ist die **relative Häufigkeit** das Verhältnis der Anzahl erfolgreicher Versuche, bei denen ein bestimmtes Ereignis eintritt, zur Gesamtzahl der Versuche. Für eine große Anzahl von Versuchen geht diese relative Häufigkeit in die Wahrscheinlichkeit über, in der Praxis werden beide oft selbst bei endlicher Versuchsanzahl gleichgesetzt.

Folgende Regeln müssen Sie beim Rechnen mit Wahrscheinlichkeiten beachten:

- Wahrscheinlichkeit für das Nichteintreten des Ereignisses A:

$$P(\overline{A}) = 1 - P(A)$$

- Additionsregel:

$$P(A \cup B) = P(A) + P(B) - P(A \cap B)$$

- Die Wahrscheinlichkeit des Ereignisses A unter der Bedingung, dass B schon eingetreten ist, heißt **bedingte Wahrscheinlichkeit** von A unter der Bedingung B, kurz $P(A|B)$:

$$P(A|B) = \frac{P(A \cap B)}{P(B)}$$

- Der Satz von Bayes gibt eine Rechenregel für bedingte Wahrscheinlichkeiten an:

$$\begin{aligned} P(A|B) &= \frac{P(A) \cdot P(B|A)}{P(B)} \\ &= \frac{P(A) \cdot P(B|A)}{P(A) \cdot P(B|A) + P(\overline{A}) \cdot P(B|\overline{A})} \end{aligned}$$

- Die Ereignisse A, B heißen **unabhängig**, wenn

$$P(A \cap B) = P(A) \cdot P(B).$$

Verteilungen

Man spricht von einer **diskreten Verteilung**, wenn es nur endlich viele oder abzählbar unendlich viele mögliche Versuchsausgänge gibt. Daneben sind die stetigen Verteilungen von Bedeutung, s. S. 116.

Diskrete Verteilungen

Die **Wahrscheinlichkeitsfunktion** $f(x)$ einer diskreten Zufallsvariablen X gibt die Wahrscheinlichkeit an, dass die Zufallsvariable X den Wert x annimmt:

$$f(x) = P(X = x),$$

während die **Verteilungsfunktion** $F(x)$ die Wahrscheinlichkeit dafür angibt, dass die Zufallsvariable X Werte $\leq x$ annimmt:

$$F(x) = P(X \leq x_i) = \sum_{i:x_i \leq x} P(X = x_i)$$

Für diskrete Zufallsvariablen ist dies immer eine Treppenfunktion, s. auch die Beispiele auf S. 113 ff.

Binomial verteilte Zufallsgrößen

Ein Zufallsversuch mit zwei möglichen Ausgängen (Erfolg, Misserfolg) heißt **Bernoulli**-Versuch. Es sei p die Erfolgswahrscheinlichkeit bei nur einem Versuch. Gibt die Zufallsvariable X die Gesamtzahl der Erfolge bei der n-maligen

Wiederholung des Versuchs an, dann ist die Wahrscheinlichkeit für k-maligen Erfolg:

$$P(X = k) = \binom{n}{k} \cdot p^k \cdot (1 - p)^{n-k}$$

Die Zufallsgröße X heißt dann **binomial verteilt**. Erwartungswert und Standardabweichung einer binomial verteilten Zufallsgröße sind

$$E(X) = n \cdot p, \qquad \sigma(X) = \sqrt{n \cdot p \cdot (1 - p)}.$$

Binomial verteilte Zufallsgrößen werden u. a. benutzt, wenn es nur 2 Ausgänge eines Versuchs gibt.

Beispiel

Die Wahrscheinlichkeit, dass ein neu gekauftes Gerät defekt ist, sei 0,5 %. Wie groß ist die Wahrscheinlichkeit, dass unter 200 Geräten genau 2 defekt sind?

$$p = 0{,}5\,\% = 0{,}005 \qquad n = 200$$

$$P(X = 2) = \binom{200}{2} \cdot 0{,}005^2 \cdot 0{,}995^{198} \approx 18{,}44\,\%$$

Die Wahrscheinlichkeit, dass 2 oder weniger Geräte defekt sind, ist dann:

$$\begin{aligned} F(3) = P(X \leq 2) &= \sum_{i=0}^{2} P(X = i) \\ &= P(X = 0) + P(X = 1) + P(X = 2) \\ &= 36{,}7\,\% + 36{,}9\,\% + 18{,}4\% \approx 92{,}0\,\% \end{aligned}$$

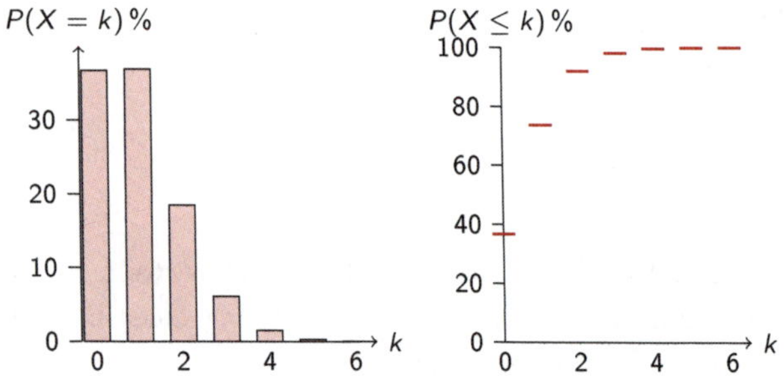

Dichte und Verteilungsfunktion der Binomialverteilung für $n = 200$, $p = 0{,}5\,\%$.

Poisson-Verteilung

Da die Binomialverteilung relativ aufwändig zu berechnen ist, verwendet man für kleine p und große n oft ersatzweise die **Poisson-Verteilung**:

$$P(X = k) = \frac{\lambda^k}{k!} e^{-\lambda} \text{ mit } \lambda = n \cdot p$$

Erwartungswert und Standardabweichung der Poisson-Verteilung:

$$E(X) = \lambda, \qquad \sigma = \sqrt{\lambda}$$

Beispiel

Für das obige Beispiel gilt $\lambda = 200 \cdot 0{,}005 = 1$. Dichte- und Verteilungsfunktion dieser Poisson-Verteilung sind dann in der folgenden Grafik dargestellt. Man sieht die starke Ähnlichkeit mit der Binomialverteilung.

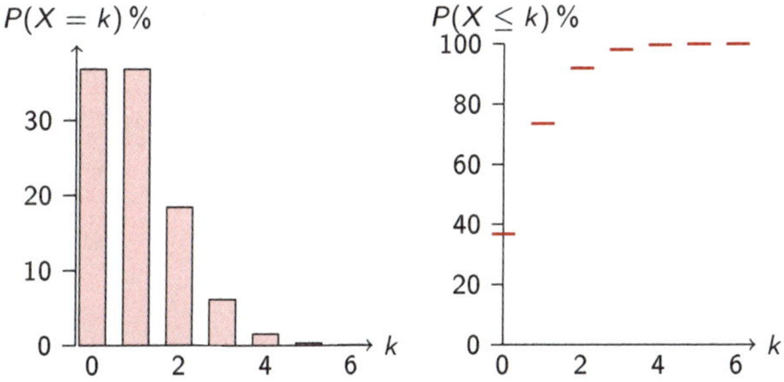

Dichte und Verteilungsfunktion der Poisson-Verteilung mit $\lambda = 1$

Geometrische Verteilung

Bei einem Bernoulli-Versuch heißt die Verteilung der Anzahl der Versuche, die bis zum ersten Erfolg benötigt werden, **geometrische Verteilung**:

$$P(X = k) = p(1-p)^{k-1}$$
$$P(X \leq k) = 1 - (1-p)^{k}$$

$P(X = k)$ ist die Dichtefunktion und damit die Wahrscheinlichkeit für einen Erfolg beim k-ten Versuch, $P(X \leq k)$ ist die Verteilungsfunktion und damit die Wahrscheinlichkeit für einen Erfolg spätestens beim k-ten Versuch.

Für Erwartungswert und Standardabweichung der Anzahl der Versuche bis zum ersten Erfolg ergibt sich:

$$E(X) = \frac{1}{p}, \qquad \sigma = \frac{\sqrt{1-p}}{p}$$

Der Erwartungswert für die Anzahl der Misserfolge bis zum ersten Erfolg ist:

$$E(X) = \frac{1-p}{p}$$

Stetige Verteilungen

Ist $f(x)$ die **Dichtefunktion** einer stetigen Zufallsgröße, so berechnet man die Wahrscheinlichkeit, dass X im Intervall $[a; b]$ liegt, durch:

$$P(a \leq X \leq b) = \int_a^b f(x)\, dx = F(b) - F(a)$$

Für die **Verteilungsfunktion** $F(x)$ gilt:

$$F(x) = P(X \leq x) = \int_{-\infty}^{x} f(t)\, dt$$

Sei $f(x)$ die Dichtefunktion von X. Dann gilt:

$$\begin{aligned} \mu = \bar{x} \quad &= E(X) &&= \int_{-\infty}^{\infty} x \cdot f(x)\, dx \\ \sigma^2 = V(X) &= E\left((X-\mu)^2\right) &&= \int_{-\infty}^{\infty} (x-\mu)^2 f(x)\, dx \end{aligned}$$

Für alle Wahrscheinlichkeitsverteilungen gilt die Ungleichung von Tschebyscheff:

$$P(|X - E(X)| > c) \leq \frac{\sigma^2}{c^2}$$

Gleichverteilung

Bei der Gleichverteilung sind alle Ereignisse gleich wahrscheinlich:

$$f(x) = \begin{cases} \frac{1}{b-a} & a \leq x \leq b \\ 0 & \text{sonst} \end{cases}$$

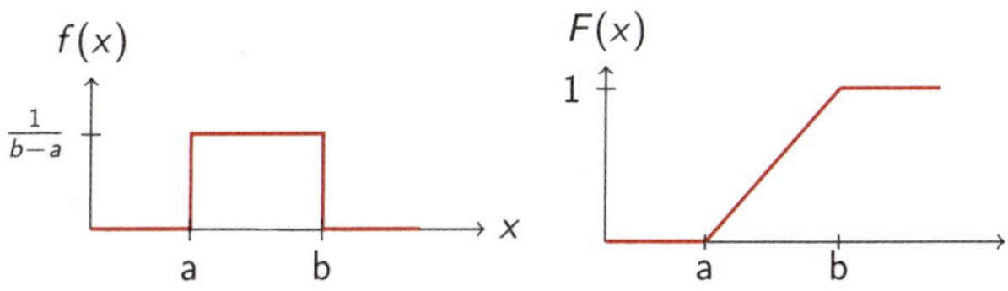

Erwartungswert und Standardabweichung sind:

$$E(X) = \frac{a+b}{2}, \qquad \sigma = \frac{b-a}{\sqrt{12}}$$

Normalverteilung

Für die Dichtefunktion einer normalverteilten ($N(\mu;\sigma)$-verteilten) Zufallsvariable gilt:

$$f(x) = \frac{1}{\sigma\sqrt{2\pi}} e^{-\frac{1}{2}\left(\frac{x-\mu}{\sigma}\right)^2}$$

Der Erwartungswert ist $E(X) = \mu$, die Standardabweichung ist σ. Der Mittelwert μ wird auch Lageparameter, die Standardabweichung σ auch Formparameter genannt: Je größer σ ist, desto breiter ist die Glockenkurve.

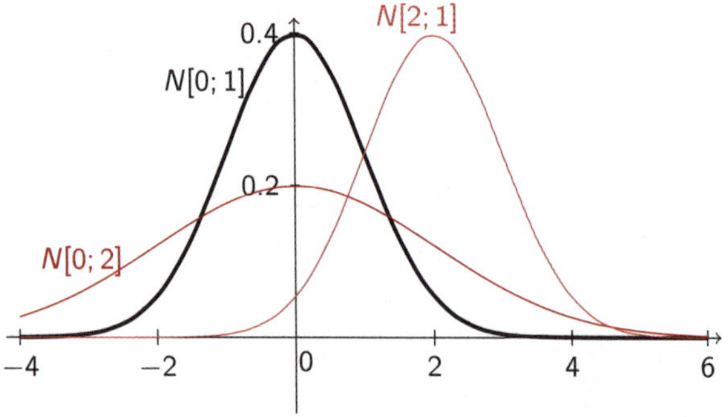

Für die Normalverteilung gilt für den Anteil der innerhalb der genannten Umgebungen um den Erwartungswert liegenden Größen:

Umgebung	Anteil innerhalb
σ	68,3 %
$1,64\sigma$	90 %
2σ	95,5 %
$2{,}58\sigma$	99 %
3σ	99,7 %
$3{,}29\sigma$	99,9 %

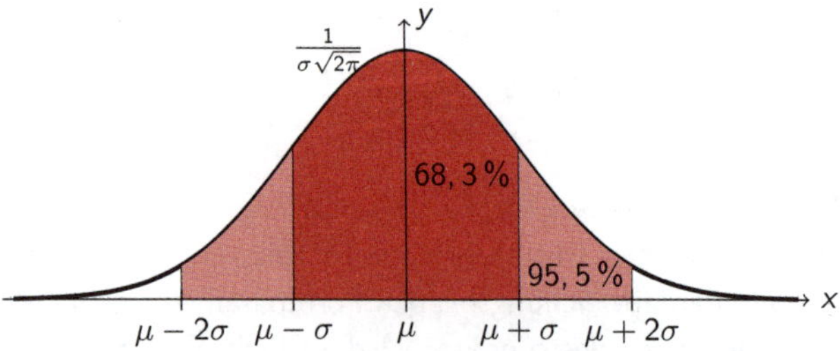

Eine standardisierte Normalverteilung erhält man durch die Zufallsvariable $Z = \frac{x-\mu}{\sigma}$. Sie ist $N(0;1)$-verteilt.
Die Normalverteilung ist deshalb so wichtig, weil eine Summe von hinreichend vielen unabhängigen Zufallsvariablen, die alle dieselbe Verteilung haben, annähernd normalverteilt ist (zentraler Grenzwertsatz).

Kovarianz und Korrelationskoeffizient

Um herauszufinden, wie stark zwei Größen X und Y korreliert sind, verwendet man die **Kovarianz**

$$\begin{aligned}\mathrm{Cov}(X,Y) &= E\left((X-\mu_x)\cdot(Y-\mu_y)\right)\\ &= E(X\cdot Y)-\mu_x\cdot\mu_y\end{aligned}$$

mit $\mu_x = E(X), \quad \mu_y = E(Y)$.
Der **Korrelationskoeffizient** ρ ist dann

$$\rho = \frac{\mathrm{Cov}(X,Y)}{\sigma_x\cdot\sigma_y},$$

wobei σ_x bzw. σ_y die Standardabweichungen der x- bzw. y-Daten sind. Es gilt immer $-1 \leq \rho \leq 1$.

- Ist $\rho < 0$, so spricht man von einer negativen Korrelation. Für den Zusammenhang zwischen X und Y bedeutet dies: Wenn X wächst, fällt Y tendenziell.
- Ist $\rho > 0$, so ist die Korrelation positiv: Mit steigendem X steigt auch Y tendenziell.

- Je näher ρ bei 1 bzw. -1 liegt, desto stärker hängen die Größen X und Y voneinander ab.
- Für $\rho = 0$ heißen die Größen unkorreliert. Sind X, Y unabhängig, so sind sie auch unkorreliert, die Umkehrung gilt nicht.

Anhang

Griechische Buchstaben

α	A	Alpha	ν	N	Ny
β	B	Beta	ξ	Ξ	Xi
γ	Γ	Gamma	o	O	Omikron
δ	Δ	Delta	π	Π	Pi
ε	E	Epsilon	ρ	P	Rho
ζ	Z	Zeta	σ	Σ	Sigma
η	H	Eta	τ	T	Tau
θ	Θ	Theta	υ	Y	Ypsilon
ι	J	Jota	φ	Φ	Phi
κ	K	Kappa	χ	X	Chi
λ	Λ	Lambda	ψ	Ψ	Psi
μ	M	My	ω	Ω	Omega

Mathematische Konstanten

$$\pi \approx 3{,}14159265359$$

$$e \approx 2{,}71828182846$$

Stichwortverzeichnis

Bibliografische Information der Deutschen Nationalbibliothek
Die Deutsche Nationalbibliothek verzeichnet diese Publikation in der Deutschen Nationalbibliografie; detaillierte bibliografische Daten sind im Internet über http://dnb.ddb.de abrufbar.

ISBN 978-3-448-10227-7
Bestell-Nr. 00871-0002

2., aktualisierte Auflage 2010

Postanschrift: Postfach, 82142 Planegg
Hausanschrift: Fraunhoferstraße 5, 82152 Planegg
Fon: (0 89) 8 95 17-0, Fax: (0 89) 8 95 17-2 50
E-Mail: online@haufe.de
Internet www.haufe.de
Redaktion: Jürgen Fischer
Redaktionsassistenz: Christine Rüber

Konzeption und Realisation: Sylvia Rein, 81371 München
Umschlaggestaltung: Kienle gestaltet, 70182 Stuttgart
Umschlagentwurf: Agentur Buttgereit & Heidenreich, 45721 Haltern am See
Druck: freiburger graphische betriebe, 79108 Freiburg

Zur Herstellung der Bücher wird nur alterungsbeständiges Papier verwendet.

Die Autorin

Prof. Dr. Edda Eich-Soellner

Diplom-Mathematikerin, Jahrgang 1963, ist nach mehrjähriger Tätigkeit in der Industrie seit 1995 Professorin an der Fakultät für Informatik/Mathematik an der Hochschule für angewandte Wissenschaften – Fachhochschule München.

Weitere Literatur

„Betriebswirtschaftliche Formelsammlung" von Prof. Dr. Jörg Wöltje, 400 Seiten, mit CD-ROM, € 29,80.
ISBN 978-3-448-09528-9, Best. Nr. 01041

„Kaufmännisches Rechnen von A-Z" von Manfred Weber, 419 Seiten, mit CD-ROM, € 19,80.
ISBN 978-3-448-06778-1, Best. Nr. 01005

„Schnelleinstieg Statistik. Daten erheben, analysieren, präsentieren" von Stefan Hagl, 228 Seiten, mit CD-ROM, € 29,80.
ISBN 978-3-448-08621-8, Best. Nr. 01032

TaschenGuides – Qualität entscheidet

Bereits erschienen:

Der Betrieb in Zahlen

- 400 € Mini-Jobs
- Balanced Scorecard
- Betriebswirtschaftliche Formeln
- Bilanzen
- BilMoG
- Buchführung
- Businessplan
- BWL Grundwissen
- BWL kompakt – die 100 wichtigsten Fakten
- Controllinginstrumente
- Deckungsbeitragsrechnung
- Einnahmen-Überschussrechnung
- Finanz- und Liquiditätsplanung
- Formelsammlung Betriebswirtschaft
- Formelsammlung Wirtschaftsmathematik
- Die GmbH
- IFRS
- Kaufmännisches Rechnen
- Kennzahlen
- Kontieren und buchen
- Kostenrechnung
- Lexikon Rechnungswesen
- VWL Grundwissen

Mitarbeiter führen

- Besprechungen
- Checkbuch für Führungskräfte
- Führungstechniken
- Die häufigsten Managementfehler
- Management
- Managementbegriffe
- Mitarbeitergespräche
- Moderation
- Motivation
- Projektmanagement
- Spiele für Workshops und Seminare
- Teams führen
- Workshops
- Zielvereinbarungen und Jahresgespräche

Karriere

- Assessment Center
- Existenzgründung
- Gründungszuschuss
- Jobsuche und Bewerbung
- Vorstellungsgespräche

Geld und Specials

- Sichere Altersvorsorge
- Energie sparen
- Energieausweis
- Geldanlage von A–Z
- IGeL – Medizinische Zusatzleistungen
- Immobilien erwerben
- Immobilienfinanzierung
- Die neue Rechtschreibung
- Eher in Rente
- Web 2.0
- Zitate für Beruf und Karriere
- Zitate für besondere Anlässe

Persönliche Fähigkeiten

- Allgemeinwissen Schnelltest
- Ihre Ausstrahlung
- Business-Knigge – die 100 wichtigsten Benimmregeln
- Mit Druck richtig umgehen
- Emotionale Intelligenz
- Entscheidungen treffen
- Gedächtnistraining
- Gelassenheit lernen
- Glück!
- IQ – Tests
- Knigge für Beruf und Karriere
- Knigge fürs Ausland
- Kreativitätstechniken
- Manipulationstechniken
- Mathematische Rätsel
- Mind Mapping
- NLP
- Peinliche Situationen meistern
- Psychologie für den Beruf
- Schneller lesen
- Selbstmanagement